"立即行动"之所以难，是因为要对抗自己懒惰的天性

Gai le ba
Tuo yan zheng

改了吧，拖延症

文 捷 著

中国华侨出版社
·北京·

图书在版编目（CIP）数据

改了吧，拖延症 / 文捷著. － 北京：中国华侨出
版社，2019.5
ISBN 978-7-5113-7824-8

Ⅰ．①改… Ⅱ．①文… Ⅲ．①成功心理－通俗读物
Ⅳ．①B848.4-49

中国版本图书馆 CIP 数据核字（2019）第 057326 号

● 改了吧，拖延症

著　　者 / 文　捷
责任编辑 / 王　委
责任校对 / 孙　丽
封面设计 / 环球设计
经　　销 / 新华书店
开　　本 / 670 毫米×960 毫米 1/16　印张 /17.5　字数 /220 千字
印　　刷 / 香河利华文化发展有限公司
版　　次 / 2019 年 6 月第 1 版　2019 年 6 月第 1 次印刷
书　　号 / ISBN 978-7-5113-7824-8
定　　价 / 39.80 元

中国华侨出版社　北京市朝阳区静安里 26 号通成达大厦 3 层　邮编：100028
法律顾问：陈鹰律师事务所　　　　编辑部：（010）64443056　　64443979
发行部：（010）64443051　　　　传　真：（010）64439708
网　址：www.oveaschin.com　　E-mail：oveaschin@sina.com

早晨从赖床开始吹响拖延的号角，上班伊始又开始拖延工作，什么事情都想拖着不做，整日流连于社交网站、八卦新闻、各色论坛等，转眼就到了下班时间，工作只做了一点点。临近最后期限开始摩拳擦掌，打算以飙车的速度做最后的冲刺，连续几天加班，熬出了熊猫眼，工作却被批得体无完肤，加薪泡汤、晋升无望，没被当天炒鱿鱼就算是不幸中的万幸了。

拖延症是广大上班族避不开的一个话题，不少人为此吃尽了苦头，其中的纠结与挣扎，怕是百感交集冷暖自知了。焦虑、自责、自毁等负面情绪像深水炸弹一样，随时都有可能在某一个时刻出其不意地给你带来伤害。拖延症是盘踞在你心头的恶魔，也是毁你前途的罪魁祸首，还会让你抱憾终身，因为拖延症让你错失了人生最好的风景，浪费了大好的年华，被琐事耗尽了心力，最终落得一事无成的下场。

传统观念认为，拖延症就是懒人病，于是老板打着"恨铁不成钢"的旗号对拖延者百般斥责，雷厉风行的人则对爱拖延的人嗤之以鼻，拖延者也开始痛恨自己。其实拖延是一种心理问题，它绝不能简单用一个"懒"字来诠释，对失败的恐惧、对完美主义的执念、畏难心理等都会导致拖延行为。要战胜拖延症，你必须学会透过现象看本质，从零碎的日常片段中解析出背后深层次的复杂原因。

没有人想患上"拖延症"，可是如果你不幸成了"拖延党"，就必须鼓起勇气做好"战拖"的准备。首先你必须弄清自身的心理弱点，揪出你被拖延症"绑架"的幕后真凶，然后运用科学的"战拖"策略，彻底让可恶的拖延症从自己的生命里淡出。粉碎失败的梦魇、揭穿完美主义的谎言、建立起自己的人生目标、用时间管理技巧甩掉拖延的长尾巴等都是实用的"战拖"宝典，一旦你掌握了这些技巧和方法，就不会再漫无目的地和拖延症混战，而会机智地化整为零，在保存自己有生力量的前提下，把拖延症挤下自己的人生舞台。

本书从拖延症的行为模式到拖延的危害，再到深层次的心理解析及具体的解决方案，循序渐进地为你提供了一整套"战拖"流程图。与拖延症的对抗，是你一个人的战争，怎样把伤害降到最低是你要认真考虑的问题，如果以遍体鳞伤的代价来换得战役的胜利，那么一切又有什么意义？"战拖"不是与自己为敌，而是一个认识自我、发现自我、改变自我、完善自我的过程，在这个过程中，你要懂得和自己和解，做自己的心灵导师，步步为营地走出拖延症的桎梏，以昂扬的斗志和不屈的精神书写属于自己的奋斗宣言，将"战拖"的事业进行到底。希望本书能为你提供有效的帮助和有益的参考，祝你能在"战拖"的道路上获得最后的胜利。

CONTENTS 目录

第三章 你被拖延症 "绑架"的 N 个成因

第四章 "战拖"要对自己狠一点，逼出雷厉风行的姿态

第八章 | **打赢时间"搏击战"，
别让拖延蹉跎了人生**

第九章 | **静享专注时刻，
甩掉拖延的"帽子"**

第十章　用加速引擎提升执行力

第一章

知己知彼，
解开拖延流行病的谜团

　　拖延症是一种现代流行病，它不致命，却像流行性感冒一样让人苦不堪言。而今，拖延症正以秋风扫落叶之势横扫职场，如果你不幸被命中，就必须想办法战胜它，因为总把事情拖到火烧眉毛的时刻才做，你的精神将承受无数次歇斯底里的痛苦，而且它还会改变你命运的轨迹，把你拖进黑暗的深渊，所以你不能对它掉以轻心。知己知彼是打败拖延症的第一步，那么究竟什么是拖延症呢？"症"带有鲜明的临床色彩，可是没有一个人会因为自己有拖延症而到医院挂号求诊，严格意义上说，它属于心理疾病，你可以通过许多蛛丝马迹判定它的存在。

　　拖延者最大的思想毒瘤就是"先放一下，等会儿再做""时间还早，明天再做也不迟"。在他们看来，迈出第一步总是那么艰难和沉重，即使被逼到了最后的时刻，他们还在幻想和内疚之间千回百转，这种反反复复的纠结又是何等折磨人。

警惕偷走时间的"大盗"——拖延症

在日常生活中，我们无时无刻不受到拖延症的影响：早晨起来，闹钟铃声大作，按停 N 次就是不想起床，眯缝着惺忪的睡眼告诉自己再多睡几分钟，只要上班不至于迟到，便心安理得地享受赖床的乐趣；知道迟到不礼貌，可是在约见别人时总是拖到最后一刻才着手准备，匆匆忙忙赶往现场还是被久等的人狠狠地数落了一顿；脏衣服攒了一件又一件就是懒得洗，准备清洗时几乎塞满洗衣机；房间里的物品杂乱不堪，总想着过会儿再收拾；面对摆在眼前的工作总是提不起兴致，改不了拖拖拉拉、磨磨蹭蹭的毛病，上司或老板不给自己下最后通牒就不打算及时完成任务，该回的邮件、该打的电话、该做的计划能拖就拖，只要还没临近世界末日，我们便会尽可能地把此时该做的事延迟一刻钟、数小时或者干脆推到第二天做。总之，我们乐于享受当下的悠闲，把所有现在不愿做、不想做的事情一再推后。

拖延症体现在我们生活的方方面面，我们可以轻而易举地感受到它对我们产生的种种影响。有人也许会说，做事爱拖拉只是小毛病而已，没什么大不了的，每个人或多或少地都有办事拖沓的毛病，根本不值得小题大做。可是当我们深受拖延症的困扰，生活混乱不堪，学习进程停滞，工作升职无望，个人前途尽毁的时候你就不会那么想了。

时间对每个人来说都是十分宝贵的，人生花火一瞬，我们又有多少时间可以拖延和浪费呢？每一个今天你都拖延，明天和未来就会被你毁掉，别人因为你浪费他的时间而怨恨你，上司和老板喋喋不休地指责你，像语言轰炸机一样一再催促你加快工作进度，更可怕的是时间不知不觉就从你生命中溜走了，等到白发苍苍时你才开始后悔年轻时没有抓紧时间多做一些有意义的事，想要弥补已经没有机会了。

风靡法国的奇幻小说《被偷走的人》讲述了这样一个离奇的故事：主人公热雷米和维多利亚青梅竹马，他不可救药地爱着她，渴望和她携手一生，在20岁生日那天，终于鼓起勇气向心仪的女孩表白，却被当场拒绝了。他痛苦不堪，万念俱灰，企图一死了之，服毒之后发生了一系列匪夷所思的事情。

当热雷米睁开眼睛时，整整一年过去了，他迎来了自己21岁的生日，维多利亚守候在他身边，并且爱上了他，他沉醉在热恋的幸福中，度过了美好的一天，之后昏昏睡去，再次醒来时正好是他23岁生日那天，维多利亚已经成了他挚爱的妻子，两个人还有了一个可爱的孩子。之后他每次醒来时间都悄然流逝了，有时一连过去了好几年，他的整整一生竟被浓缩成了短短的几天，醒来时记忆一片空白，还要不断地适应各种突如其来的变化。

等到热雷米年华老去，两鬓飞霜，他才真正感悟到了生命的真谛，可是他的时间已经被无情地偷走了，他的生命也渐渐步入了尾声，剩下的只有无边的哀伤和无尽的悔恨。

富兰克林曾经说过："你热爱生命吗？那么别浪费时间。因为时间是组成生命的材料。"拖延成性的人无疑就是在虚掷生命，等到像热雷米那样懊悔就来不及了，拖延症就是偷走时间的大盗，它可以不费吹灰之力地偷走你的整个人生，盗走你的快乐、你的大好前程以及你的精彩生活，留给你的是满地的狼藉。

年富力强时我们总以为有着大把的时光可以挥霍，于是对待生活漫不经心，不把承诺放在心上，喜欢用自己的节奏来工作，非要拖延到最后一刻才开始手忙脚乱地应付，结果不仅自己精疲力竭，还受尽别人的斥责，在我们抱怨别人不理解自己、朋友太挑剔、老板太苛刻、任务太繁重时，是否反思过自己的行为呢？当我们把

"再等一下""明天再说吧"当成口头禅时，是不是应该为自己敲响警钟呢？因为拖延消耗的不仅仅是精力，而是生命。

徐晓蓓向来没有时间观念，做任何事情都要让别人催，有时被催急了，就皱着眉头满脸不悦地说："你烦不烦啊，让我喘口气行不行？"她可不想扮演什么拼命三郎的角色，心想唐大诗人李白都说"人生得意须尽欢，莫使金樽空对月"，她又何必让自己像陀螺一样转个不停呢？

徐晓蓓最大的爱好就是看肥皂剧，每天下了班就自己窝在沙发里，任何事情都不能使她把目光从电视银屏上移开，欣赏完电视剧就躺在床上休息，朋友给她发短信，她从不立即回复，QQ信箱里堆满了邮件也不爱查看，吃完晚饭后餐具从不及时清洗，总要拖一两个小时才开始刷洗。朋友们说她邋遢，是个不折不扣的懒鬼，她都满不在乎，毕竟这是她的生活方式，别人就是再看不惯也不可能强加干涉，可是工作就不同了，拖延症让她吃尽了苦头。

有一次，公司接手了一个重大项目，为了做出让客户满意的方案，领导提前给每位员工发放了一堆材料，宣布在会议上讨论，希望到时大家能制定出出色的策划案。徐晓蓓想，公司一般是在每月15日开会，现在离向公司献策的日期还有八天，根本就没有必要赶工，于是她依旧舒舒服服地过着自己悠闲的小日子。一转眼五天的时间过去了，看着办公桌上厚厚的资料，徐晓蓓有点着急了，于是硬着头皮狂啃资料，整整两天时间都处于头昏脑涨的状态。只剩下一天做策划案了，徐晓蓓叫苦不迭，只好匆匆赶工，忙了一上午没出什么成效，午餐过后又有点困倦了，于是美美地睡了会儿午觉，心想工作还是下午再做吧，实在做不完大不了晚上加班。

一直忙到下班，徐晓蓓总算完成了一半策划案，回到家后熬夜工作，苦苦撑到半夜十一点，再也坚持不下去了，只得草草收尾。第二天把一个有头无尾的策划案交给了领导，领导看到前半部分时领首微笑，看到中间部分脸上表情晴转多云，看到后半部分脸色大变，徐晓蓓暗叫不好，等待着一场暴风雨的来临。果不其然，领导看完后，劈头盖脸地把她训斥了一顿，此后有什么重大项目都不放心交给她。

就这样，徐晓蓓做了三年策划师后，仍旧一事无成。

像徐晓蓓这样的年轻人在生活中比比皆是，他们游戏时间最终便会被时间戏弄，人应该成为时间的主宰者，而不应该成为被时间催着跑的奴隶，前半段的旅程有意或无意地拖延、放慢脚步，后半段的旅程即使快马加鞭也不能追上时间的步伐，最终生活质量直线下降，工作效率和成果都大打折扣，人生就这样虚度了，真是可悲可叹！

不要任由拖延发展

一个名为"拖延症之歌"的视频爆红网络，表演者们真实地再现了"拖延症患者"的种种表现：他们浏览 facebook、打电话、玩游戏，忙得不亦乐乎，不断地拖延撰写论文的时间，视频非常贴近现实生活，引起了广泛的共鸣。细数身边的工作生活细节，拖延的现象几乎无处不在，比如拟写报告时打开文档刚刚写了几行字就进行不下去了，想敲下一行字却一直未能如愿。你总是对自已说，不急，时间充裕得很，先喝杯咖啡再说。喝完咖啡之后你仍有借口拒绝继续赶稿，心想先浏览一下网页新闻放松一下心情再说，反正报告是明天提交，只要今天能顺利完成就行。

对于拖延症我们似乎已经非常熟悉了，但是究竟什么是拖延症呢？它真是一种病症吗？拖延症的英文是 procrastination，意思是把"之前的事情放置在明天"，该词最早出现在爱德华·霍尔于 1945 年出版的书里。《圣经》把拖延从希腊文翻译成英文时，将其诠释为罪过，到了工业革命以后，拖延渐渐演变成了现在的含义，被解释为"以推迟的方式逃避执行任务或做决定的一种特质或行为倾向，是一种自我阻碍和功能紊乱行为"。

大四学生王林为撰写专业论文伤透了脑筋，原本计划利用学校假期写作来加快完成论文的进度，可是回到家后，写论文的事情却一直被搁置下来。高中同学得知他回来了，便吵着要求一起聚聚，王林觉得假期还长，放松一下也无妨，于是便和高中同学一起K歌、逛街、吃饭、滑雪，一周的时间就这样过去了。

后来王林不再约同学出来玩，开始安心在家写论文，假期快要结束时，大学同学打电话问他论文写得怎么样了，王林回答说还没写完。大学同学觉得难以理解，"你不是说几乎每天都在家写论文吗？"王林说："这是假期，又不是在学校学习，我当然要每天睡到自然醒，起床之后吃过早餐才能写论文，那时基本接近中午了。我刚写了一小段，就觉得写论文实在是太枯燥了，于是听了会儿音乐酝酿情绪，然后又用手机跟朋友聊了会儿微信，随后到淘宝网上淘了点东西，不知不觉就到了晚上，论文没写几行字。"

像王林这样把应该立即着手去做的事情一再拖延的行为就属于拖延症范畴，那么拖延症是不是一种病呢？严格意义上说，拖延症算不上什么病症，在国际上通用的精神疾病诊断与统计手册中，根本找不到拖延症这种病，世界上也没有任何一家医院可以明确诊断拖延症，但它反映的却是一种心理问题，拖延行为确实会给我们的人生带来破坏性影响。

拖延症是指自我调节失败，在能预料有害后果的情况下，仍把目前要做的事向后推迟的一种行为，它反映在各种细微的事情上。拖延症属于心理范畴，我们说一个人患有拖延症，是指他（她）的心理出现了问题，导致了拖延行为，而不是说他（她）得了某种需要入院治疗的精神疾病，但是拖延行为日积月累会极大地影响我们的个人发展，严重时还可能毁掉我们的整个人生，所以我们一定要对它重视起来。

赵鹏是一家集团企业旗下的中层管理者，因为有做事拖延的毛病影响了个人前程。一天，公司召开盛大的会议，要求所有分公司的各层级管理人员必须按时到场，而且每个人都必须穿正装。除了赵鹏外，所有的管理人员都按时赶到了会场，当天姗姗来迟的赵鹏在众目睽睽之下急匆匆地走进了会议中心，手里拎着装有会议材料的纸袋。

会议召开完毕后，赵鹏所在的分公司的总经理要求自己分管的管理人员全体留下，声称有事要讲。他环顾了在座的所有人员之后说："迟到不是小事，它反映的是工作拖延，今天的会议很重要，在这么重要的场合迟到就更不应该了，以前我就发现某些人对于手头的工作能拖就拖，执行力非常差，这会影响整个公司的发展，以后我绝不姑息这样的行为。我多次向你们强调过，做事不但要及时，还要未雨绸缪，做工作应尽早做好准备，而不是临时手忙脚乱，自己完不成任务还得拖累大家一起加班。"

赵鹏一听，马上明白了总经理所说的"某些人"专指自己，其实他也想及时完成工作任务，但是不知为何工作一再被拖后，结果总得带领手下员工陪着自己加班，下属抱怨、上级批评，他心里很不好过，可是就是改不了爱拖延的毛病。最后，总经理对他进行了降职处理，每天辛辛苦苦加班，最后换来的是这样的结果，他的心情更加沮丧了。

据一项调查显示，86％的职场人士和80％以上的大学生都有拖延症，在这些人当中，50％的人表示总会把事情或工作拖到最后一刻才去做，13％的人表示如果不是被一催再催，他们根本没有办法按时完成任务。很多时候，人们不知不觉就陷进了拖延症的旋涡，重复着拖延的行为模式。拖延虽然在严格意义上讲不属于某类疾病，可是严重的拖延症会为人们的身心健康带来非常大的负面影响，比如产生自责和负罪感、自信心丧失，并伴有各种不适心理症状，进而引发多种心理疾病，毁掉个人幸福和大好前程，所以一定不能任由自己的拖延行为进一步发展和恶化，而要及时悬崖勒马，纠正自己的心理和行为偏差。

心灵诊所：测测你是否患上了拖延症

很多人都有做事拖延的习惯，本来今天可以顺理成章完成的事，偏偏要拖到明天，到了第二天又会拖到下一个明天，可是"明日复明日，明日何其多！日日待明日，万事成蹉跎"，千万不要小看拖延症的危害，它对你的人生命运会产生重大影响，如果不及时诊断加以预防，后果不堪设想。下面就让我们来做几道心理测试题，诊断一下你是否染上了拖延症吧。

1. 不到最后期限就不交工。

是？否？

2. 上班时总忍不住在网上闲逛，拖到快下班时才着手忙工作。

是？否？

3. 不会制订工作计划，对时间管理完全没有概念。

是？否？

4. 常常"伪加班"，原本可以在上班时间完成的工作，总是拖到下班后加班加点地赶工。

是？否？

5. 总认为自己时间充裕，做什么事都不着急。

是？否？

6. 个性懒散，没有自制力，总想把今天的事拖到明天做。

是？否？

7. 同事或者上司询问工作进展时，经常尴尬地说"让我再看看"。

是？否？

8. 办公桌上堆满了零食，经常边工作边吃零食。

是？否？

9. 做事时喜欢给自己找借口，有各种各样的理由把手头的事拖后，让自己先做其他事情。

是？否？

10. 经常自我麻痹，认为一切还来得及，工作实在做不完大不了通宵熬夜赶工。

是？否？

11. 处理问题弄不清主次，办事不分轻重缓解，忙得焦头烂额，最重要最紧急的事却没做。

是？否？

12. 经常因为办事拖拉导致时间不够用，最后只得草草交差，为此常被上司或老板批评。

是？否？

13. 非常有定力，不管别人怎么催都不慌不忙。

是？否？

14. 从来都不会主动向上司汇报工作。

是？否？

15. 同事都不喜欢和你合作。

是？否？

选"是"得1分，选"否"得0分。

测试结果：

0—4分：你有轻度拖延症，现在还不至于影响你的工作和生活，但是不能掉以轻心，要尽快找出自己办事拖拉的原因，尽早把它扼杀在萌芽状态中。

5—11分：你有中度拖延症，拖延已经成了你的一种习惯，对你的日常工作已经造成了影响。改变这种状况，需要花费一定的时间，同时还需要用耐力来克服自己的不良习惯。

12—15分：你的拖延症已经非常严重了，工作已经受到了严重干扰，你必须想方设法来纠正自己的拖延行为，否则就会付出很大的代价。

你知道自己属于哪类拖延者吗

列夫·托尔斯泰说："幸福的家庭都是一样的，不幸的家庭却各有各的不幸。"用这样的观点来诠释拖延症便是：具有自制力、不喜欢拖延的人都是一样的，爱拖延的人各有各的拖延方式。其实大多数人都有拖延的时候，偶尔拖延是很正常的，可是总找各种理由和借口去推迟眼下的事，就不属于正常行为了。

惯于拖延的人喜欢自欺欺人，经常对自己说"我明天能更好地完成这件事""把工作拖到最后时刻去做并没有什么不好，因为压力能让我保持亢奋状态"，而事实是到了第二天仍不想做事，压力增大后，自己变得手忙脚乱，工作更难有起色。出于自我保护的需要，他们就谎称迫在眉睫的事情并不重要，以此打乱做事的顺序，把正事耽搁下来，却在无关紧要的事情上徒然浪费时间。

有拖延症的人总是想等到心情更好或者时机更佳的时候才放手去处理重要工作，常常耽搁正在着手的工作，一旦有了其他的欲求和想法，就马上抛开正在做的工作去干其他事情。但他们并不是那种火烧眉毛一点也不着急的人，因为他们可以用谎言来搪塞别人，却无法真正欺骗自己的心，他们也会焦躁不安，会为自己的拖延行为而感到羞愧，任何的借口都不能起到安慰自己的作用。

想要克服拖延症，必须从了解它开始。国内外都已对拖延症展开过广泛研究。哥伦比亚大学组织心理学系教授安吉拉根据拖延症心理状态的性质，把拖延症分为消极拖延和积极拖延两种。前者就是我们熟悉的能对我们日常工作造成消极影响的拖延行为，后者则是因为乐于挑战，喜欢在压力下进行工作，深思熟虑以后决定拖延目前的工作。

美国心理学家弗拉里博士把拖延症分为鼓励型、逃避型和决心型三种类型。不同类型的拖延者具体表现如下：

鼓励型：即寻找刺激型，有的人故意拖延工作，意图把事情拖到最后时刻调动起自己的兴奋细胞，从而获得刺激的体验和一种重压之下的亢奋感，他们热爱冒险，并为自己能如期完成某项工作而感到沾沾自喜。

逃避型：有的人自信心不足，内心充满恐惧，认为自己没有能力做好任何事，为了逃避可能到来的失败，他们选择延迟做事，以此来暂时回避痛苦。还有一种情况是想要摆脱被他人控制的烦恼，拖延属于一种反抗手段，旨在引起对方的注意。

决心型：有的人具有严重的完美主义情结，对从事的每一件事情都精益求精，希望有更多的时间来把工作做得更出色，他们唯恐结果令自己失望，害怕自己会把工作搞砸，担心工作中出现瑕疵，于是就感觉自己无法立即下定决心开展工作，不下决心就可以暂时回避即将应对的事情。

根据拖延症的表现形式，还可以把它分为工作拖延型、学习拖延型、瞎忙拖延型、被动拖延型、侥幸拖延型、苛求拖延型，不同类型的拖延者具体表现如下：

工作拖延型：刚刚接到一项工作任务时，没做多久就不能继续坚持了，总是一拖再拖，拖到最后时刻来不及认真地完成工作任务，只好草草收场。原因可能是觉得这项工作超出了自己的能力范围，为了舒缓压力而拖延工作，也可能是因为对这份工作不感兴趣或者进入了职业倦怠期而延迟办公。

学习拖延型：这种类型的拖延症涵盖的内容比较广泛，涉及的地点不固定，在家里延迟学习某些知识或某项技能，或者在学校里延迟学习某些课程，抑或在工作场合延迟学习工作所需的职业技能，都属于学习拖延型。本来制订好了学习计划，也购买了相关资料，曾有过雄心勃勃的设想，可是等到真要付诸行动，又打起了退堂鼓，心想还有其他事没忙完，学习的事以后再说吧。

瞎忙拖延型：这种类型的人总觉得时间不够用，整天忙得焦头烂额，可是忙忙碌碌却没有出任何成果，最重要的事总被拖到后面，工作一点成效都没有。他们具有工作狂的特质，忙得挤不出一点时间休闲娱乐，但付出和所得通常不成正比。

被动拖延型：想要取悦所有人，不想得罪任何人，为了扮演好老好人的角色不惜牺牲自己的权益。比如同事有求于自己，明知分担额外工作会导致自己无法及时完成工作任务，因为怕同事不高兴，对他们的请求有求必应，从而导致自己的工作做不完，在整个过程中，完全处于被动的状态。

侥幸拖延型：明知拖延会给自己带来不良后果，仍存有侥幸心理，觉得坏事不一定会发生在自己身上。比如延迟提交重要报告，认为上级不会开除自己，在心情好的情况下会对自己从轻发落。再比如跌倒摔伤之后拖着不去就医，认为没有什么大碍，等到伤势恶化再去医院，由此留下了后遗症。

苛求拖延型：对自己要求太高，做任何事情都力图尽善尽美，对瑕疵采取零容忍的态度，只要出现了一点问题，哪怕对全局产生不了什么影响，也会把所有的工作推倒重来，工作进程自然就会变得缓慢。一些杰出的雕塑家不能容忍细微的偏差，因此常常砸毁即将完工的作品；一些诗人不能容忍一处败笔，经常把自己辛苦写下的作品付之一炬，他们都因为对自己高标准的要求而获得了成功。

可是这样的情形毕竟是少数，在绝大多数情况下，为了把工作做得更好而拖延工作，通常会导致仓促收工，因为别人不会给我们更多的时间，所以拖延无益于让我们更上一层楼，反而会使我们在降低工作效率的同时被迫降低工作质量。

完美的计划，没有执行力就等于零

据说，当年买下麦当劳版权的有两个人，一个是麦当劳的创始人雷·克拉克，另一个是荷兰人。雷·克拉克是一个很有决断的人，有了好的计划和点子就立即投入行动，他以非凡的经营才能和强大的执行力把麦当劳开遍了全球，使其成为全世界规模最大的连锁店之一，创建了世界快餐第一品牌。可是那名荷兰人却没有一点作为，他也想过要经营快餐店，但是总是在计划，把精力都投放到了经营养牛场上，而关于经营快餐店他计划了几十年，也空想了几十年，什么也没有做，最后成了一名拥有几十头牛的普通农场主。

许多人都有"拖延史"，生命中除了计划还是计划，不是拖延执行计划，就是计划着继续拖延，总之做了一流的空想家、二流的人生策划师、三流的行动家。没有实际行动，任何美好的计划都会化为泡影，奇妙的想象力并不能改变自己、改变世界，充当思想的巨人、行动的矮子就会一事无成。因为拖延有的人失业，有的人被迫中断了学业，有的人错过了出国留学或深造的机会，还有的人痛失了改写一生命运的机遇……

李璟拿到硕士文凭后，到一家电视台做了一名编导，工作后他仍改不了做事喜欢拖到最后一秒的毛病。每次写脚本，他的脑海里都充满了奇思妙想，有时会一连在电脑前空想两个小时，一个字也不写，盯着空白文档他的思路在急剧转换，解说词好像在他眼前跳跃，可是他还没捕捉到，就已经感到很困倦了，心想后天才需要提交脚本，明天写完也不迟，于是就开始刷微博、泡论坛、下电影，时间不知不觉地溜走了。

到了第二天，李璟还在计划怎么把脚本写好，心中盘算了好几套方案，可是这些都是大纲，细节还没有想好，前一天思考的解说词都变得混乱无序了，他一时没想好如何串联它们，等到要拟写脚本时他又感到无比痛苦，忽然想到以前下载的某个专辑还没有封面，于是放下手头工作又去忙封面的事了，下班之后开始在家里熬夜加班，计划着通宵赶出让领导拍案叫绝的脚本来，刚坐在电脑前他就想熬夜得补充能量，必须给自己补点维生素才行，于是到厨房榨了一杯橙汁，边喝边寻找灵感。

李璟为自己开脱说，不是自己故意耽搁时间、有意拖延工作，自己也没闲着，一直都在计划写出漂亮的解说词，只是思考太多，脑力消耗过大，没有多余的精力写稿子了。就这样他在最后期限也没能写出一套脚本，上级领导很生气，对他说本来是非常看好他的，甚至想过把出国深造的一个名额给他，但是他的表现太让自己失望了，于是就把名额给了别人。

在开会时李璟经常妙语连珠，说起计划方案来常常头头是道，因此赢得了上级领导的欣赏，上级领导觉得这个年轻人很有想法，是可造之才，可是李璟最大的毛病是做什么事情都处于计划阶段，迟迟都不肯行动，工作能拖就拖，上级领导因此对他越来越不满意。

我们知道计划可以为行动指明方向，没有计划，行动就会变得盲目和没有效率，可是一味地延长计划的时间就等于压缩了行动的时间，把所有的时间都空耗在计划上，执行力就成了零。有拖延症的人并不是想充当什么战略家，不屑于落实具体的行动，而是因为惰性原因或者是信心不足，抑或是因为不喜欢自己所从事的工作而无限期地延迟行动，觉得多拖一秒就暂时把痛苦和厌倦的感觉延迟了一秒。

　　远古时期，有两个好朋友想要找到幸福和快乐，便结伴到远方追寻，两个人翻山越岭历经辛苦，好不容易临近目的地了，可是却被一条波涛汹涌的大河挡住了去路。水流湍急，渡河十分困难，对岸就是幸福和快乐的天堂，两个人关于如何渡河各有自己的看法，一个人建议伐木造船，另外一个人觉得这样做太冒险了，如果船翻了岂不是要葬身江底，还不如从长计议，慢慢等着河水干涸。

　　建议造船的那个人每天都在忙着砍树造船，木船渐渐有了规模，他还利用剩下的时间掌握了游泳的技能；而另外一个人则什么都不做，他大部分时间都在睡懒觉和空想，经常抽空到河边看看河水干涸了没有，他计划着等到河水一干，自己马上就可以走到对岸去，时间就这样一天天空耗了。等到造船的朋友造出了一艘结实的大船正要出海时，他还在嘲笑那位朋友鲁莽。那位朋友却一点也不生气，在出航前还好心地奉劝他日后不要再消极地拖延等待，要积极地做事。

　　后来造船的朋友成功到达了对岸，而那位喜欢空想的朋友仍在对岸睡大觉，两人分别在河的两岸定居下来，繁衍了很多子孙，河的一边是幸福和快乐的沃土，在那里生活的人们都是敢于实践的实干家，而河的另一边却是失败和失落的园地，在那里生活的人都爱计划和空想，做事都是无限期地拖延，结果终生碌碌无为。

　　在现实生活中也存在着故事中的河流，河的一边生活着广大的拖延者们，他们不愿意承受渡河带来的压力和痛苦，于是索性躺下来空想，等待困难自动消失，计划着遇到了好时机便一展身手，该做的事情一再被延误，后来成了彻彻底底的失败者。

为什么我们的时间永远不够用

　　我们感知的时间和钟表的时间常常是不一致的，比如你感觉愉快时会觉得时间过得飞快，反之你便会觉得时间像蜗牛爬行一样慢；

当你坐在炙热的火炉旁时，每一秒都是煎熬，你会误以为时间慢得停下来了。拖延者的主观时间跟钟表时间经常发生冲突，他们常以"期望式思维"看待时间，就很难树立正确的时间观念，对最后期限的预期通常都是不合理的。正常情况下需要一天完成的工作，由于把握不好时间，不少时间被白白浪费了，工作时间被压缩成了短短几小时；需要一周才能完成的工作任务，拖到最后一天才正式开工，当然会忙得不可开交。

拖延者经常错估时间，开始时认为时间充足，拖到最后期限还总期望能顺利保质保量地完成工作任务，结果眼睁睁地看着最后一班末班车开走，自己成了时间的弃儿。我们经常听到有人抱怨时间不够用，他们恨不得自己有分身之术，在最短的时间内完成最多的工作。每个人每天都拥有 24 小时的时间，地球总在规律地自转和公转，自然界不曾多给谁或者少给谁时间，那么为什么有的人能有效利用时间，做了很多有意义的事情，而有的人空忙一场却什么都没有做成呢？这都是拖延惹的祸。

杨雪是典型的拖延党，对待任何事情都想着晚点再做，常常为一些无意义的事情分心，工作效率低下。白天工作时，她精力总是不集中，打开电脑以后时不时地做一些跟工作无关的事情，因为不能及时完成当天的工作，她只好在家里挑灯夜战，边吃零食边奋斗，有时会熬到凌晨，总感觉自己什么都做不好，每天都很累，却没有换来期望的工作成果。

杨雪总觉得时间不够用，感到越来越焦虑，因为熬夜白天打不起精神来，看到同事神采奕奕、精神抖擞地工作很是羡慕，对着镜子看看自己的熊猫眼，心里很不是滋味。她常常想如果上帝能每天多赐给自己几个小时该有多好啊，那样她就不用那么辛苦地忙着赶工了。

杨雪的愿望显然是不现实的，时间对每个人都是公平的，它不会偏爱任何人，也不会跟任何人过不去，觉得时间与自己为敌当然是一种错觉，拖延者常有这样的困惑：为什么别人时间就那么充足，过得那么轻松惬意，而自己忙得不停歇，累得精疲力竭，时间却总是不够用，这太不公平了！很多拖延者讨厌最后通牒，每次接收到最后通牒都会万般懊恼，觉得"压力山大"，世界对自己不公。有的拖延者也有自知之明，知道这样的结果是自己造成的，对于自己的拖延症有着清醒的认识，但是就是改不了，俗话说"积习难改"，战胜拖延症绝不是一朝一夕的事，把无形中溜走的时间资源抢夺回来也没那么容易。

严彬是一家广告公司的平面设计师，无论是做企业宣传册还是为客户做其他方面的设计，他都必须向后延迟一段时间才能提交自己的设计方案，对此他多次向老板和客户解释，设计工作是需要灵感的，它不是速成产品，是急不来的。那套说辞是说给别人听的，其实他心里明白，自己一直深受拖延症困扰。

严彬的拖延症是慢慢形成的，以前他发现自己思维敏捷，设计东西非常快，随着工作经验越来越丰富，他有时能提前把工作做完，因此开工的日期越来越拖后，直到拖到最后一天去做。最后一晚他的工作状态非常紧张，几乎是在和时间赛跑，眼看夜色越来越深，他还是处于高度忙碌的状态，直到天色放亮，他才匆忙赶完了工作，那时几乎累到虚脱。

严彬经常认为自己会赶不完工作，会在最后关头跌跤，可是后来发现临时赶工也能把工作做完，就是质量粗糙了些，于是胆量越变越大。有时他记错了截止日期，提前把工作赶出来了，多出的几天就像恩赐一样。严彬的拖延貌似有惊无险，但是并不代表不会影响职业生涯，他也吃过拖延症的亏。一次公司想要提拔新人来接管设计主管的工作，他也在候选人之列，后来因为做事拖拉没能及时交齐材料而错失了机会，结果和自己同一批进公司的同事晋升为设计主管，其实力和他相比还略逊一筹。每当想起这件事，严彬就感到恼火。

一滴水可以折射太阳的光华，细节最能反映问题的本质，一个人在一件事情上拖拉，就有可能在很多事情上拖拉。案例中的严彬对待本职工作拖延，之后形成了拖延的习惯，填写和提交个人材料也是拖拖拉拉的，以致错过了晋升机会。

有拖延症的人不能理性地对待时间，不可能准确地掌握时间，他们常常感觉时间紧迫，即使自己马不停蹄地前进也是无济于事的。爱拖延的人通常爱迟到，回复邮件很慢，做出决定后总是慢吞吞地行动，把害怕去做或者不愿去做的事情拖到最后一刻再做，还一再欺骗自己说时间尚且够用，现在动工为时尚早，但是到了最后阶段就会立即感到时间不够用了，于是像拼命三郎一样疯狂地追赶进度，可是最后期限越逼越紧，几乎让人喘不过气来，他们又开始后悔自己当初的拖延，但是这并不意味着他们能马上吸取教训，到了接受下一份工作时或者去筹划下一件事情时还是会继续拖延，长期走不出循环的怪圈。

拖延症和懒是一回事吗

通常人们认为，拖延是懒惰所致，拖延症其实是一种懒病，有拖延症的人个个都是懒虫，其他的解释都是美其名曰的借口，那么事实真是如此吗？其中部分有拖延症的人确实都有惰性，比如原本打算利用业余时间读一本好书，多学些有用的知识，结果被懒惰因子附体，把该学习的时间耗费在看电影和其他娱乐活动上；再比如想要通过长跑运动的方式来瘦身，跑鞋和体重秤都买好了，可是早上为了多睡一会儿懒觉放弃了晨跑，下班后借口天气不好、心情不好、自己太累，把跑步锻炼的计划一推再推，转眼一个月过去了，崭新的跑鞋没有沾过半点尘土，自己也不曾瘦下分毫。

以上琐事均可说明懒惰的人都有爱拖延的问题。可是这能说明拖延症和懒可以直接画等号吗？当然不能。拖延症比懒复杂多了，它和懒不是一个概念。观察一下周围，我们会发现辛勤工作的人其实也有拖延症，那些每天加班到很晚的白领一族也有不少人被拖延症所苦，而一些每年都能拿到奖学金的学霸们也有爱拖延的习惯，还有那些经常通宵工作的企业家也时常跟拖延症打交道，可见拖延症不是懒人的专利，勤奋的人也有可能患上拖延症。

郭嵩从小到大学习都十分刻苦，一直都是让父母骄傲、让老师夸赞的尖子生，但是到了读大学的时候他染上了拖延症。大四时写毕业论文一拖再拖，整天躲在宿舍里打游戏，老师苦口婆心地规劝并没能使他振作精神，最后只能暂时休学。后来在家里调整了一段时间，他又重返校园，终于在导师的鼓励和帮助下勉强完成了学业。

毕业之后，他显得很不适应，做事又开始拖延起来，虽然他很有才干，但是工作效率却非常低，屡次耽误项目的进度，老板斥责、同事怨恨，他感到十分痛苦，只好仓皇逃离了工作单位，回到家里休养。辞职以后，他整日无所事事，把找工作的事无限拖延，他彻底迷失了方向，不知道自己的未来在哪里。

从郭嵩的例子我们可以看出，不是所有的拖延都跟懒惰有关，在读书时期，郭嵩是一个学习勤奋的学生，但是也有拖延的毛病，参加工作以后又被拖延症所困，这显然不能武断地用一个"懒"字解释。其实有时候我们选择拖延，不能说明我们是无可救药的懒人，很多时候是因为理性的要求使我们内心产生了某种压迫感或者不舒服的感觉，于是在不知不觉中启动了自我防御机制，也就是说理智与情感产生激烈冲突时，我们在理智上强迫自己执行某事，而在潜意识里或者在感性上由于受到压迫而产生抵触情绪，从而做出相反的行为。而当我们不能成功支配自己的躯体，就会产生深深的无力感，同时又会感到非常自责，自责让我们怨恨自己，给自己贴上懒惰的标签，所以当别人指责我们懒惰时，我们选择了默认，不曾留给自己辩解的机会。

拖延并不一定代表懒惰，但这并不意味着拖延和懒惰毫无关联。

拖延和懒惰是有交集的，有的人办事拖延确实是因为本性懒散，但不是所有有拖延症的人都属于好逸恶劳的懒人。加拿大的皮尔斯·斯蒂尔教授是研究"拖延症"领域的权威人物之一，他确定了与拖延症密切相关的四个因素，它们分别是信心不足、动力缺失、冲动分心和回报遥远。"懒"是一个非常生活化的形容词，按照绝大多数人的理解，"懒"代表的是游手好闲、不务正业、无法行动的欲望等，究其原因主要和动力缺失有关，所以说它符合皮尔斯·斯蒂尔教授确定的有关拖延的四因素之一，但是一个人做事动力缺失，存在多种可能性，"懒"只是其中一种情况而已。

我们不能把拖延简单地归结为懒，因为情绪因素、分心问题、缺乏自信等都有可能引发拖延症，将拖延和懒当成一回事是一种非常武断的看法。我们经常看到有些人整天风风火火地忙个不停，但忙得都是次要的事情，最紧要的工作总是拖着不做，这些人显然不属于"懒惰一族"。还有一种人非常渴望把事情做好，却总是待在原地不动，表面上看来似乎气定神闲，实际上内心却百般煎熬，他们清楚自己应该做什么，但是没办法调整好自己的状态，这并不是主观意志上的"懒"。

小颜被拖延症所苦，毕业好几年了也没有找到稳定的工作，好几家公司都以她工作态度不端正和工作能力不足为由将其辞退，因为没有固定的收入来源，小颜还要依靠父母生活，朋友们说她独立能力差、为人懒散、不求上进，有的人还挖苦地说："什么拖延症，都是借口，其实就是犯了懒病。"

小颜也觉得自己就是个一无是处的大蛀虫，每天除了吃饭睡觉之外，几乎没有做任何事，别人看不起她，她也认为自己就是全人类的反面教材，但是自尊心极强的她很少向别人倾诉苦恼，每次有人叫她懒丫头，她都会淘气地自我解嘲说："我这个人就是懒，想对自己好一点不行吗？懒犯法吗？"心里却是五味杂陈，其实她也不想事事拖延，继续"懒"下去，经常受到攻击已经很难受了，还要接受自己灵魂的拷问，承受自我贬抑的折磨，这样的日子何时才是尽头呢？

"懒"是一个无可争议的贬义词，具有道德攻击性，"拖延症就是懒"的说法不但是片面的，还是不公正的，它是对广大拖延者的一种无情的伤害。不少拖延者被贴上了懒人标签，自己也默认了这种带有某种歧视性的身份，这样根本就不利于改善自己拖延的状况，如果你认定自己骨子里就是个堕落的懒人，就有可能永远"懒"下去。不要把拖延症上升到道德层面的懒惰，拖延症和懒不能直接画等号，这并不是为自己正名，也不是狡辩，而是站在一种更为客观的立场上来看待问题。如果你是一名拖延者，可能会遭到各种误解，因为你无法从任何医生那里得到开具的证明，所以一旦你做事拖拉，别人便怀疑你的办事态度，这是人之常情。不要太过懊恼，你需要做的是重新审视拖延症的问题，而不是一味地自我谴责，把"懒人"封号永久地加在自己身上。

终结拖延症究竟有多难

美国的"拖延症俱乐部"流传着这样一则笑话：80％的律师死后没有遗嘱，是因为他们办事拖拉，拖到自己弥留的那一刻都没想着立遗嘱，所以还没来得及立下遗嘱就进坟墓了。这则笑话固然有些尖刻，却能反映现实问题，即拖延症影响广泛，连思维严谨的律师都不能逃脱它的魔掌。据有关数据统计，拖延症患者已经超过了十亿人，人群之中有日常拖延行为的人约占70％，有20％的人有慢性拖延，这就意味着平均每五个人就有一人患有严重的狭义拖延症。

很多人都为自己的拖延问题而苦恼，可是却没有毅力打败拖延症，普遍采取边忏悔边逃避的态度，就像把头埋进沙子里的鸵鸟一样，可怜又可悲。对此英国作家塞缪尔·约翰逊有过精辟的论述，他说："我们一直推迟我们知道最终无法逃避的事情，这样的蠢行是一个普遍的人性弱点，它或多或少都盘踞在每个人的心灵之中。"

的确，我们都是有弱点的人，有时会显得无能为力，任凭拖延症像野草一样在我们心灵里疯长，闭上眼睛说自己还很安全，可是当我们想要摆脱鸵鸟的角色，鼓起勇气向拖延症开战，并取得阶段性胜利之后，又会发现拖延症并没有被斩草除根，只需一点点的微风，它又旺盛地生长起来了，其顽固性足以令人不寒而栗。那么拖延症为什么就那么难以战胜呢？它又为什么会反复呢？

获得过诺贝尔经济学奖的著名经济学家乔治·阿克洛夫曾经坦陈过自己拖延的经历：有一次他想把一箱衣物从自己目前的居住地印度寄往美国，因为寄衣物需要一个工作日处理，他总是把这件事向后拖延，每天早上，他都会对自己说明天一定会把箱子寄出去，可是迟迟没有行动，一天天就这样过去了，一件很简单的事情足足让他拖了8个多月。后来他把自己的经历写进了一篇名为《拖延与顺从》的论文中，这篇论文引起了学术界的关注，很多哲学家、心理学家和经济学家都加入了研究热潮。

从乔治·阿克洛夫拖延寄衣物的例子我们可以看出，拖延者会因为思绪和情感的波动而陷入拖延的怪圈，比如乔治·阿克洛夫想到寄衣物需要一个工作日才能完成，就迟迟不愿付诸行动，导致了执行力受损，但由于受到理性和意志的驱使，拖延者会反复向自己强调务必要完成该做的事，可是潜在的思绪和情感又阻挠了他们的行动，导致事情一而再、再而三地被耽搁，拖延行为就这样周而复始，拖延者好像永远也走不出拖延的迷宫。

拖延者的心理模式大都具有相似的特征，比如他们总是对自己过去的表现清零，每次都信誓旦旦地对自己说"这次我想早点开始"，下定决心要有条不紊地完成任务，可往往总是三分钟热情，真正执行的时候热情早就消失殆尽了。又如因为拖延把事情搞砸之后，他们都感到无比痛心，后悔没有及时行动，反反复复地对自己说"我应该早点去做"，因为失去了"亡羊补牢"的机会，只能深陷在无休止的叹息和悔恨之中，下次遇到同样的情形，还是不能立即采取行动，因为身中"后悔"之毒的他们变得非常消沉，没有信心也没有动力果断行事。再比如在拖延者口中出现频率最高的一句话是"还有时间"，无论谁催促他们都是这套说辞"急什么，不是还有时间吗?"可是时间并不会因为人意志上的松懈而慢下来，拖拉的结果就是以达不成目的告终。

为了拖延时间，拖延者会优先去做各种千奇百怪的事情：垃圾桶里只有几片纸偏要清理；在办公室已经喝了好几杯咖啡，回到家后还要浪费时间煮咖啡；已经没有什么让自己感兴趣的电影看了，却把看过的电影又重温了一遍，目的在于把写工作报告的时间推后……拖延者在拖延时间时创造性十足，他们总能找到一些事情去做，以便延后面对自己不想面对的事情。

蒋小曼是一名行政管理人员，因为精通外语，上司经常把翻译的工作交给她来做。上司对蒋小曼的外语能力很有信心，却料想不到她险些因为拖延症误了大事。在和外商的签约会上，蒋小曼迟迟没有露面，在场人员足足多等了半个钟头，蒋小曼才出现，外商代表虽没说什么，公司领导却觉得非常失礼，用不满的眼光盯着蒋小曼，蒋小曼低着头立即把翻译好的 PPT 文件放在桌子上，然后打开投影仪，会议就这样开始了。

在 PPT 演示的过程中，上司突然发现蒋小曼正忙着同步翻译文件，他搞不明白 PPT 文件早在一个星期之前就交给她了，工作竟然拖到现在还没做完，好在她反应机敏，外语功底深厚，赶在会议结束前把文件全部翻译完成了。会后，上司非常气愤，气冲冲地质问蒋小曼一个星期的时间都干什么了。蒋小曼委屈地说以前交给她翻译的文件不过十多页，用不了多少时间就能翻译完，这次她万万没有想到要翻译的 PPT 文件足有上百页，她昨天晚上一看就傻眼了，熬了一个通宵也没把工作做完……

上司一听，她把工作推到最后一天才开始做更生气了，问她为什么不早点开工。蒋小曼无言以对，在那个本该忙着翻译文件的一个星期里，她做了头发，逛了街，看了很多无聊的电影，还把玻璃窗擦拭了若干遍……

从本质上说，拖延症反映了人类固有的意志缺陷，这一点我们无须为自己的行为开脱，但这种缺陷的背后潜藏着复杂和深刻的情绪问题，比如根深蒂固的恐惧、无法挣脱的自我怀疑等，因此我们不能控制自己，在不断的挣扎中反复犯同样的错误。

拖延者之所以对"拖延"上瘾，在某种程度上是因为他们在进行这种破坏性行为时也能得到某些好处，这就好比吸烟有害健康，可对广大烟民来讲又是一种享受，那么对于拖延者而言，他们能得到的好处又有哪些呢？具体说来可涵盖以下内容：

1. 可以暂时不去做让自己倍感头痛的事。

2. 保持现状，降低可能到来的风险。

3. 逃避责任，找借口把所有问题归咎于客观因素。

4. 通过拖延时间，使自己在较短的时间内完成预定的工作量，如果结果令人不满意，便可以心安理得地说："我时间不够用，再多给我几天时间我肯定能做得更好。"

5. 逃避去做自己可能做不好的事情，以期把失败关在门后，以免被证明自己是个无能的人。

拖延和犹豫是人性的弱点，它给我们带来了无尽的烦恼，耽误了很多事情，其危害可能影响到我们的一生。令人遗憾的是它很难被成功克服，就像流行性感冒一样年复一年地折磨着我们，所不同的是感冒是自愈性疾病，可拖延症的症状不可能自动消失，战胜它需要我们坚持不懈地与之斗争，直到它在我们的生命中不再扮演破坏性角色。

第二章

别让拖延症
动了你人生的"奶酪"

因为拖延，你的梦想失去了色彩；因为拖延，你经常被老板骂得狗血淋头；因为拖延，你的恋人决绝而去，你的婚姻触礁；因为拖延，你的健康毁于一旦……你在承受着种种令人痛心的损失，无时无刻不感到自责、焦虑，内心备受煎熬，可是你却任由拖延去动你人生的奶酪，这是多么可悲的事。

既然一切在劫难逃，拖延下去又有什么意义呢？拖延会让你悔恨终身，它比慢性死亡还要可怕，你必须了解它可能带给你的无尽伤害，以便防患于未然。

拖延是毁掉梦想的恶魔

每个人青春年少时都曾有过抱负和梦想，可是随着岁月的流逝和世事变迁，最初的梦想早已化成了灰烬。是什么毁掉了你的人生梦想？答案是拖延。你总是对自己说"还有明天"，于是就在一个又一个等待明天的过程中蹉跎了岁月，梦想因此与你渐行渐远。反观那些事业有成的杰出人士，他们之所以能美梦成真，是因为他们从不浪费自己的年华，能够把有限的时间投入到奋斗中去。拿破仑说："花时间深思熟虑，但是当行动的时间来到时，就停止思考，投入行动。"这就是一个高效能人士的建议，该行动时立即行动，不要犹豫不要退却，永远不要延迟应该着手去做的事。

拖延症是扼杀梦想的恶魔，如果你不能打败内心那个软弱的、总爱拖拉的自己，不能使自己把时间和精力投放到最有价值的事情上，那么你不仅不能成为一个富有成效的人，还会亲手杀死自己的梦想。很多时候我们没能成为我们想成为的那类人，不是因为理想很丰满现实很骨感，而是因为我们被拖延症绊住了脚步。

深夜，死神拜访了一个即将离世的垂危病人，病人见到死神并不是十分惊慌，自从病情持续恶化以来，他几乎每天都能梦到死神。对于这个世界他当然还是十分留恋，不过他也清楚死神是不可抗拒的，死神想要带走谁谁便难逃一死。

死神看着床上虚弱的病人，说："走吧。"病人哀求道："可以再多给我一天吗？"死神问："你要一天时间干什么？"病人长长地叹了一口气："我以前有过很多梦想，可是因为各种各样的原因都没有实现，我想用最后一天时间来完成我的梦想，这样我离世的时候才会没有遗憾。"

死神说："很抱歉，我不能答应你，你本来有很多时间可以实现梦想，可惜却不懂得珍惜，看看这份账单吧：在你的一生中有三分之一的时间是在睡觉中度过的，在余下三分之二的时间里你常常拖延时间，小时候做作业拖延，长大成人后做事拖延，沉迷于烟酒，把所有的梦想置诸脑后。你拖延的时间从青年时算起，直到现在共耗去了36500个小时，因为拖拉导致工作效率低下，在草草完工后又被迫返工浪费了不少时间。你经常把工作丢到一边，和同事闲聊或者打瞌睡，漫不经心地参加会议，每天嚷着生活无聊、生命虚无，现在你只剩下一口气，连下床走路的力气都没有，马上就要死了，却刚想起那些没有完成的梦想，我又怎么可能多给你一天时间呢？世人都说我是最公正的，所以我不能偏袒任何人。"

病人羞愧地看了死神一眼，用尽最后一点力气说："你说得对。"然后就咽气了。死神叹息着说："如果你在活着的时候能懂得珍惜时间，就不会带着遗憾离开了。为什么世人都是这样，不到最后的关头就感觉不到时间的宝贵。"

李商隐说："人间桑海朝朝变，莫遣佳期更后期。"《金缕衣》中强调"有花堪折直须折"，人的大好年华是有限的，没有人可以青春永驻，生命也不是永恒的，不懂得把握时间、开拓进取，把有限的时间充分利用起来，再闪光的梦想也会被时光的洪流淹没。当拖延成为你的习惯，理想之花便会在现实的尘埃中枯萎，当生命之火燃尽回首往事时，只有一地鸡毛般的琐碎生活，你想找到哪怕一闪而逝的精彩一瞬都变得异常艰难，这何尝不是一种莫大的遗憾！

约翰·戈德15岁时就写下了自己一生的梦想清单，在他的人生规划中，自己未来要实现的明确目标足有127个，他梦想着环球旅行走遍世界，征服17座雄伟的高山、跨过10条湍急的河流，他还要学骑马、弹钢琴，学会开飞机以及乘坐潜艇；此外，他计划阅读柏拉图、亚里士多德、狄更斯、莎士比亚等十多位哲学家和文学家的经典著作，并读完厚厚的《大英百科全书》，当然他还有一个平凡但十分重要的愿望，就是能顺利地娶妻生子。

这个年仅15岁的男孩在列完自己的梦想清单之后，就把它们一一牢记在了心上，在之后的半个多世纪里，约翰·戈德一直朝着自己的梦想进发，在他的一生中，他一共进行了四次环球旅行，足迹遍布世界各地，实现了127个目标中的103个。约翰·戈德少年时代设立的目标无论在当时还是在现在看来，都是宏大但难以实现的，可是他却做到了。

约翰·戈德在15岁那年听到年迈的祖母说："如果我年轻时能多尝试一些事就好了。"这句话改变了他的一生，他下定决心不会重复祖母的错误，一定要让自己的人生精彩无憾，于是他列出了那份梦想清单，在以后的岁月里不遗余力地实践它们，无论遇到多少困难和阻力，他都没有停下脚步，也从未因为任何事耽搁完成人生目标的步伐，后来他终于完成了常人难以企及的梦想。

人们谈论那些梦想成真的成功人士时，常把他们的成功归结为天赋、机遇、运气和智力等，却忽略了他们对待人生的态度，那些能够站在梦想之巅的人都具有一个同样的做事风格，那就是不拖延，他们致力于把梦想转化为行动，绝不让机会与自己擦肩而过。爱默生说："紧驱他的四轮车到别的星球上去的人，倒比在泥泞的道上追踪蜗牛行迹的人，更容易达到他的目标！"拥有壮丽梦想的人，只要不拖延，始终锲而不舍地拼搏，极有可能实现梦想；没有大目标只有小梦想的人，如果拖拖拉拉，梦想也只会停留在"梦"和"想"的阶段，不能成为一种现实。

也许某一天，你突然觉得自己的人生黯淡无光，认为好多事都没有去做，好多梦想都没有实现，比如想过要好好工作、锻炼身体、学习瑜伽、周游世界、掌握一门外语等，可是梦想已经搁置了好几年，似乎已经发霉了，因为自己精力不济或者各种原因你一再拖延，一直拖到自己步履蹒跚、没有能力重拾梦想了，这是多么可怕的事啊！

拖延让焦虑不断升级

"总是要等到睡觉前，才知道功课只做了一点点；总是要等到考试后，才知道该念的书都还没有念。"这首让我们耳熟能详的歌无疑是无数拖延者童年时代的真实写照，童年毕竟是天真烂漫无忧无虑的，小"拖拉斯基"们依旧能够健康成长，可是长大以后如果改变不了拖延的坏习惯，就要为此付出代价了。

我们常看到有些人做事磨蹭，任何时候都一副不慌不忙的样子，便以为他们是定力十足、凡事都不会着急的"定海神针"，其实这种认识是错误的。拖延者的内心世界充满了尖锐的冲突，他们拖着不去做某事深层次原因是因为抗拒，他们知道该启动行动程序了，可是内心深处又时刻传来抗拒的声音，同时脑海里又回旋着另一个声音，提醒他们必须立即行动，使他们处于一种分裂的状态，两个截然不同的声音吵得越凶，他们就越焦虑。

吴帆由于压力过大，精神紧张焦虑，见到老师就忍不住大哭起来，他告诉老师下周就要考托福了，可是自己还一页书都没看。吴帆说父母对他期望很高，希望他出国读书，他也不想让父母失望，所以疯狂地加入各种培训班补习功课，为考资格证做准备，可是他越想学好就越学不进去，结果整天背着父母下载电子小说看，备考书目一页也没看。

"我知道这样做是错的，可是我管不住自己，每天都对自己说明天一定积极备考，今天放松一天，明天精神状态更好，结果我不但没能放松下来，反而越来越焦虑，想要等到状态调整好了再学习，问题是我的状态越来越差，现在我真不知道该怎么办了。"吴帆道出了自己的心声。老师认为吴帆现在最主要的问题是过度焦虑，以致心神不宁，如果他能舒缓神经，调试好自己的心情，利用一周的时间来复习，还是能为自己的考试增加点过关的砝码的。

随着时代的发展，现代人的心理压力越来越大，于是出现了各种各样的时代病，焦虑症就是其中的一种。从本质上讲，拖延是人类缓解焦虑的一种手段，在短暂的时间内拖延确实可以减轻焦虑，可是超过一定的时长，焦虑就会以更凌厉的方式卷土重来，使得人们措手不及。一般而言，拖延的时间越久，焦虑越深，整个过程度日如年，对一些陷入严重焦虑状态中的人来说一秒似乎比一个世纪还要漫长。

拖延和焦虑是孪生兄弟，严重的拖延者均有焦虑症，而得了焦虑症的人做事都爱拖延。拖延是有成本的，当一个人等待和拖延的成本，远远超过他行动所需要的成本时，他就会渐渐陷入越等待越不行动的循环模式之中，在这种模式状态下的人，表现得惊恐不安、坐卧不宁，甚至茶饭不思、彻夜难眠，严重影响学习、工作和生活，还会引发严重的身心疾病。

小丁是一名新闻工作者，她已经在这个行业做了两年了，这份工作要求选题新颖，以新视角来解读社会的热点事件，每次拟稿她都觉得痛苦，总觉得没有让读者眼前一亮的选题，于是经常拖延写稿，好几次都是编辑催稿上版，她才开始急急忙忙地动笔，仓促完工后不但没有如释重负，反而更加焦虑，她想如果主编对自己的稿件不满意怎么办，自己会不会因为写砸了稿子而失业呢？

随着焦虑症状越来越严重，小丁几乎整夜失眠，整个人迅速消瘦下来，她看起来苍白憔悴，神情又带几分神经质，同事们不止一次地问她有没有感觉不舒服，是不是病了。小丁苦笑着摇摇头，她真想找一个空旷的角落大哭一场。

著名精神分析家霍妮在描述拖延症时曾经做过这样一个经典的比喻："就像在开车时同时踩住了油门和刹车，结果是外表毫无动弹，内心早已精疲力竭。"这种焦虑和纠结的心情，想必很多拖延者都有同感。拖延症虽然在严格角度来讲不算病，却会引发多种心理疾病，焦虑症就是其中的一种。焦虑症患者会出现心悸心慌、呼吸困难、头晕无力等躯体症状，同时伴有紧张、恐惧感，严重者不能自控，濒临精神崩溃，心理越来越脆弱，身体日益孱弱，这样的代价又是何等惨重！

拖延症和焦虑症只有一线之隔，今天你不能有效控制自己的拖延行为，明天你就有可能陷入焦虑症的旋涡。有些拖延者认为那些强调拖延会毁掉人生的论调是危言耸听，可是当自己被焦虑症折磨得身心俱疲、痛苦不堪时，就会后悔没有及时纠正自己的拖延习惯。我们生活在竞争无比激烈的社会环境中，应该时刻关注自己的心理健康，不能任由任何可能毁掉我们心灵健康的种子在我们的心底生根发芽。所以从长远来看，我们绝不能姑息和纵容自己的拖延行为，而且要经常监视由拖延引发的焦虑情绪，评估自己的焦虑程度，防止自己演变成焦虑症患者。如果我们有机会及早发现它的苗头，为什么不及时将其铲除呢？

心灵有了破窗，颓废便会乘虚而入

每个人内心深处都有一个"大法官"，时刻评判着自己的行为。当你达不到自己的要求时，你就会感到自责、挫败、羞愧、自我厌恶，对自身产生了深深的怀疑，把自己定义为全世界最失败的人，甚至想通过某种方式来惩罚自己。比如当你没能如愿拿到奖学金、论文不被导师认可、工作受到上司否定时，你都会产生这样的情绪。

在和拖延症纠缠的过程中，你时刻都会受到"大法官"的咒骂，它说你没用，连最简单的事情都做不好；它责怪你惰怠、缺乏自制力；它嘲笑你优柔寡断、做事慢吞吞的样子。为此你感到愤怒，可是又不知该把矛头指向谁，因为这个"大法官"其实就是你自己的声音，你没有办法对其隐瞒真实感受和看法。当你把自己骂得狗血淋头时，便感到无地自容，觉得自己是个一无是处的废物，于是便破罐子破摔，日趋颓废和堕落。

心理学中有一个非常经典的理论叫作破窗效应，它是指一栋房子如果有一扇窗被打破了，在没有人修补的情况下，很快其他窗户也会被莫名打破；一面干净的墙如果被画上了涂鸦，没有人将其清洗掉，用不了多久这面墙就会被涂满乱七八糟的东西；行走在干净的路面上，人们出于羞耻心都不好意思随手丢垃圾，但是地面上一旦出现了垃圾，人们就会毫不犹豫地乱丢垃圾。

破窗效应的理论是由政治学家詹姆士·威尔逊和犯罪学家乔治·凯琳提出的，该理论认为放任不良现象存在，会诱使人们变本加厉地进行破坏行为。破窗效应理论的诞生源于美国心理学家菲利普·津巴多做过的一个实验，他把两辆一模一样的汽车分别停放在治安良好的加州帕洛阿尔托的中产阶级社区和治安较差的纽约布朗克斯区。他故意把停放在纽约布朗克斯区的车摘掉了车牌，还把顶棚打开了，结果汽车当天就被盗走了。一个星期过去了，放在帕洛阿尔托的那辆汽车仍停在原地。后来，那辆车的玻璃被打了一个洞后，仅仅过了几个小时它就被偷了。

当任何一种不良现象存在，原有的秩序被打破，就会传递出一种负面的信息，这种信息进而导致不良现象无限恶化。用破窗效应来解释拖延症，其过程是：你允许拖延症存在，就好比允许一栋房子有一扇破窗，这扇破窗的存在给你带来潜在威胁，让你觉得不安全，可是你又忍不住对自己说谎，为自己制造一种虚假的安定感，这时一个理性而严厉的声音不停地批评和指责你，命令你马上修补破窗，你感到羞愧、内疚、无能为力，内心充满挣扎，可仍选择继续拖延下去，你对自己越严厉，你便越憎恨自己，由于被负面情绪包围，你开始变得放纵，导致拖延症向持续恶化的方向发展，陷入

"放纵—自责—更严重的放纵"的恶性循环。

何蕾为了调整自己的状态，几乎断绝了和所有人的联系，她关掉了手机，收拾好了简单的行囊，在一个山清水秀的偏远乡村休假。或许朋友们无法了解她为什么会玩失踪，这不符合她的性格，只有她自己清楚，如果再不逃离，她极有可能被拖延症拖垮。

每次坐在办公室的电脑前，她就开始怨恨自己，觉得自己是全世界最无用的人，因为她不能控制自己的意志和躯体，只能任凭拖延症的毒草在自己的脑海和躯体里蔓延，只做了一点工作就想把余下的工作拖后，能拖多久算多久，结果每天她都无法完成当日的工作。她也试过拯救自己，告诉自己每天的太阳都是新的，发誓要给自己一个崭新的开始，决定用最严厉的方式促使自己完成当天的工作，结果她越是逼迫自己，工作越是无法进行，她终于明白一切的对抗都是徒劳的，于是干脆缴械投降，任性地放纵自己，有时大半天都在做与工作无关的事情，后来发展成一连数小时都在发呆，工作几乎处于停滞状态。

何蕾变得越来越消极，心理负担越来越沉重，她觉得自己辜负了公司的信任，又感到对不起父母，心想父母一定会对自己的表现失望。她开始吸烟了，后来染上了酒瘾，觉得自己正在向黑暗的深渊滑去。最后她做出了一个决定，离开自己熟悉的一切，到一个陌生的地方流浪。在没有手机、没有电脑，仿佛世外桃源一般的地方她的心灵得到了休憩，可是长假很快就过去了，她又要面对原来的生活了，脚下的路要怎么走，她并没有找到答案。

拖延造成的无用感，往往会摧垮一个人的意志，有拖延症的人日复一日地用尖刻的谩骂折磨自己，无异于对自己灵魂的鞭挞，这种伤害往往是难以平复的。有些拖延者对未来有着清醒的认识，知道自己如果修不好心灵的破窗，就有可能变得百孔千疮，可是又认为自己是个拙劣的修补匠，根本没有能力修补好自己。为了逃避痛苦的现实，拖延者会借助各种手段麻痹自己，进而对各种有害的事物上瘾，比如酗酒、迷恋网络、暴饮暴食……总之拖延者放弃了自救，任凭自己沉溺，走向了可能吞噬一切的泥潭。

我们知道，人最大的敌人就是自己，当你无法面对自己，无法战胜自己，就会屈从于拖延症的摆布，变得麻木不仁或者越发痛苦。当你选择自暴自弃的那一刻，所有的欢乐和幸福都将离你而去，使你饱尝人生的苦酒。其实你的苦涩与命运无关，只是对拖延症屈服后的你不再是命运的主人，而是彻底沦为失去了自由和尊严的奴隶，这是多么可怕的事情啊。如果你不想让这样的事情发生，或者不想再扮演这样可悲的角色，那么从今天起就勇敢地站起来吧，和拖延症斗争到底，在热血和理想中重获新生。

在无尽的拖延面前，爱情和婚姻都经不起考验

"你知道现在都几点了吗？"

"我只是迟到了 15 分钟，因为有事耽搁了，你为什么要那么生气？"

"这不是第一次了，每次跟你约会你都说有事耽搁了，几乎没有一次准时到场。"

"我已经向你解释过了，不要无理取闹好不好？"

"我无理取闹？你在浪费我的青春和生命——你总有比约会更重要的事，我们分手吧。"

这种对话场景听上去是不是十分耳熟？拖延已经渗透到了很多人的情感生活中。拖延者不是因为不在乎自己的伴侣才迟到，而是因为他们的时间观念中，主观时间和客观的钟表时间不同步。不过另一方并不了解这方面的问题，而会觉得对方待人处事缺乏最基本的礼貌，不尊重别人、不可靠，甚至会认为对方不在乎自己，不懂

得珍惜自己，总用各种理由搪塞自己，所以，才会感觉两个人的未来是没有希望的。

拖延症在拖延者的各种人际关系中扮演着复杂的角色，它会让简单的事情都变得复杂化，比如约会迟到就会引发对方对两人情感牢固性的怀疑，而频频迟到则会瓦解一段感情。有的拖延者还可能因为各种各样的事情爽约，被放了鸽子的一方自然非常生气，使得双方的感情在无形中出现了裂痕。

曹静和赵旭辉交往有3年多时间了，赵旭辉身上有很多曹静欣赏的优点，他阳光开朗，有着温暖的笑容，为人又十分幽默，在任何时间和场合都能把她逗笑，可是她最不能容忍的就是他爱拖延的毛病。大学毕业后，两个人都找到了不错的工作，曹静成了某集团企业的行政助理，赵旭辉则成了一名公务员，她认为他的工作一向不是很繁忙，可是每次约会他都要迟到，而且每次都超过半小时，这让她很不理解。

赵旭辉每次都对自己的行为做过解释，有时说因为同事邀请自己吃饭，不好回绝；有时说途中交通拥堵；有时又说遇到了其他紧急情况。曹静觉得这些都是借口，她认为他对自己的感情已经和从前不一样了，他根本不再有迫切见到自己的意愿，也许他早已对自己厌烦了。

赵旭辉不明白女朋友为什么要对自己迟到的事情不依不饶，他不愿向她坦诚自己是个自控能力差、没有时间观念的人，也不愿意向任何人提起自己的拖延症，他甚至能想象到别人听到"拖延症"那三个字的不屑表情，毕竟真正能理解拖延症患者的人并不多。赵旭辉自认为除了约会迟到这一点，自己在其他方面已经做得足够好了，对女友百般体贴，可是她竟然怀疑自己，看来两个人并没有建立起真正的互信关系，继续维持下去也不会有好结果的，所以他答应了曹静的分手要求。

　　被丘比特之箭射中的情侣极有可能会被拖延症拆散，美好的承诺也会因为对方迟迟不愿履行而褪色，曾经的山盟海誓、浓情蜜意，在拖延症的裹挟下都将变得无比苍白。谁能永远容忍一个总是令自己失望的人？拖延症让热恋降温，让恋爱关系更加微妙和复杂，使得双方不得不重新审视两人的情感关系，很多情侣就这样不欢而散。

　　拖延症不但破坏恋爱关系，对人们的婚姻生活也会构成威胁。试想一下，如果你的另一半因为做不完日常工作，经常把工作带回家里来做，你们的幸福婚姻还能稳固吗？两个人如果相处的时间越来越少，工作成了一方生活的主旋律，夫妻之间必然日渐疏远，隔膜由此产生，猜忌、不满、指责纷至沓来，两人争吵不休，终有一天会把家庭吵散。

　　28岁的任娟和柳泉步入婚姻殿堂后，一直感情甚笃，两个人是大学同学，历经了四年的爱情长跑才喜结连理，对于美满的婚姻生活两人充满了期待。可是刚刚结婚一年，两个人的婚姻就受到了考验，原因是柳泉经常把工作带到家里做，连周末都没有休息时间，任娟则成了透明人，他没有时间理睬和陪伴她，两个人的对话越来越简洁，有时一整天也说不上几句话。

　　柳泉工作拖沓，通常当天的工作都忙不完，只好利用业余时间加班，他也知道有了家室之后应该多陪陪妻子，可是工作没做完，他哪有心情陪妻子聊天、购物？他本来已经很累了，任娟却没完没了地吵，经常说他不够爱她。一听这话，他就气不打一处来，大声嚷道："我不爱你能这么拼命工作吗？我这样做还不是为了这个家吗？我不努力工作，你能有这么优越的生活吗？你现在吃的、穿的、用的，哪一样不是最好的，你还有什么不满意？"

　　任娟委屈地说："我不要什么优越的生活，只想让你多陪陪我。我不想你无视我的存在。"柳泉又说："你每天都在我耳边吵，我怎么会无视你的存在？你为什么就不能理解我，支持一下我的事业？"

"你每天比总统还忙，我不能忍受这样的生活，家里不是办公室，我想要的是一个丈夫，而不是一个只会工作的机器。"任娟的声调也高起来。"你是说我不是一个称职的丈夫，想要和我离婚?"柳泉问。"我现在不想离婚，可是我怕我们终有一天会离婚，再这样下去我们会变成最熟悉的陌生人，我们的婚姻会名存实亡。"任娟说着忍不住哭了起来。

任娟的担忧并不是全无道理的，正常的婚姻关系必须有情感的交流，把所有的家庭生活都让位于工作，婚姻就会触礁。家是爱的港湾，是婚姻关系的载体，不应该演变成办公场地或者冷战的战场。拖延办公的人，常常无法平衡工作和家庭的关系，势必影响双方的感情，爱上一个不回家的人是件很无奈的事，爱上一个待在家里却形同虚设的人更是一件痛苦的事。所以广大的拖延者们，为了自己，为了自己所爱的人，一定要克服自己的拖延症，要以实际行动保卫爱情、保卫自己的幸福婚姻。

错过几分钟，毁掉的有可能是整个人生

在日常生活中，有些轻度拖延症患者可能还没有体会到拖延给自己带来的伤害，比如一个下定决心在跑步机上甩掉脂肪的减肥者，在跑步之前，想先弹会儿钢琴，弹完了钢琴又想清唱一曲，唱完了歌又打开了电脑，欣赏起各种流行音乐来，不知不觉午餐时间到了，于是走进餐厅美餐了一顿，吃完了饭有点犯困，然后开始睡午觉，临睡前还安慰自己说虽然吃完了就睡会积累脂肪，但睡醒之后好好锻炼脂肪还是会被甩掉的……这样的拖延至多导致减肥失败，并没有给拖延者造成实质性的伤害，可是减肥计划的泡汤也可能引发一系列连锁反应，比如恋人嫌自己身材不好提出分手，或者在公众场合受到了嘲笑，进而引发自卑情绪，使自己的幸福指数降低。

那个减肥者最初只想把跑步的计划推迟一会儿，并没有想拖到第二天或者其他日子，可是这一小会儿的时间会被不知不觉中加长，等到计划被执行的时候可能已经是数小时以后了。拖拉的习惯若不改掉，所有的计划都可能走样。即使有时只想拖延很短的时间，也有可能造成严重后果，在某些特殊情况下，尤其是分秒必争的情况下，拖延一分钟后果都是不堪设想的。

在华东模范中学，曾经发生过一起引发社会热议的事件。一名考生因为没有及时赶到考场，迟到了两分钟，而被拒之门外。考生的妈妈苦苦哀求，考生情绪激动，险些做出过激行为，终难挽回被关到考场外的结局。

每年高考都会出现考生迟到的现象。高考关乎考生的命运，莘莘学子为了备考付出多年的努力，然而在最为关键的时刻却被错过的两分钟卡在了门外。对此社会上有两种截然不同的观点，有的人认为校方不该这么刻板，而应把握规则的灵活性，多点人性化的通融，再给考生一个机会；而有的人则认为无规矩不成方圆，假如迟到两分钟可以进入考场，那么迟到 3 分钟、5 分钟或者更长的时间都可以进考场了，这样会影响考场的秩序，对其他考生答题造成干扰。不少人认为允许迟到考生进考场会导致迟到现象大幅度增加，到时恐怕备用考场都用不过来。

考生因为迟到错过了当年参加高考的机会，这当然是件十分遗憾的事。由此可见，把该做的事情向后延迟短短几分钟，也有可能付出非常沉重的代价。那些把"再等一会儿"当成口头禅的人并没有意识到问题的严重性，岂不知有时拖一分拖一秒都可能带来致命的后果。医生如果延迟救治病人的时间，哪怕仅仅耽误了几分钟，都有可能导致病人的死亡；救生员听到呼救声后如果耽搁了几分钟，很有可能导致溺水者身亡；消防员耽搁了几分钟，火势变得难以控制，将造成无可估量的人员伤亡和财产损失……

在风平浪静的大海上，一艘轮船正在沉没，船员们面对死亡的命运，盘绕在心头的并不是对亲人的不舍和对世界的眷恋，而是深深的愧恨。在船长的建议下，船员们把内心的情感用文字记录了下来。

水手1号写道：我在奥克兰购买了一盏台灯，为的是给妻子写信照明用。

二副写道：我看见水手1号把一盏台灯带上了船，台灯的底座看起来很轻，船摇晃的时候可能会倒，我觉得这可能给大家带来危险，可是当时我正忙着做别的事情，心想过一会儿再跟水手1号谈谈，告诉他看好自己的台灯。

三副写道：我发现救生筏释放器坏了，心想有空再向上级申请换个新的，于是把救生筏绑在了架子上。

水手2号写道：我发现水手区的闭门器有问题，心想过段时间再让维修人员查看一下，便用铁丝把门绑牢。

二管轮写道：我查看消防设施时发现水手区的消防栓锈蚀了，当时想过不了几天就到码头了，到时更换新的消防栓也不迟。

船长写道：起航时我工作太忙了，抽不出时间看甲板部和轮机部的安全检查报告，心想以后再看吧。

机匠写道：我听到水手1号的房间消防探头发出了警报，我走进去查看了，没有看到火苗，就断定是探头出了毛病，把它拆掉后交给了大管轮，要求他给我一个新探头。

大管轮写道：当时我正忙着，我对机匠说等会儿再给你拿探头。

服务生写道：我到水手1号的房间找他，他出去了，我在房间里待了一会儿，顺手打开了台灯。

机电长写道：我发现跳闸了，在船上跳闸是常有的事，我当时没在意，把闸合上了，心想日后再去查找轮船总跳闸的原因。

管事写道：下午我吩咐不在岗的人进厨房做饭，因为晚上我们会举办会餐。

单看船员们的记述仿佛是许多支离破碎的工作片段，可是沉船悲剧的发生恰恰和这些看似寻常的小事有关。

最后，船长记述了整个事件的经过：我们发现轮船着火时，水手1号的房间和隔壁的房间已烧穿，船员们控制不了火势，浓烟和火焰弥漫了整艘船，我们每个人都犯了一点错误，都把该做的事情向后拖延了一点时间，结果酿成了船毁人亡的惨剧。如果我们能及时处理发现的问题，而不是想着以后再去补救，那么这场悲剧根本就不会发生。

写满检讨话的纸条被装进了一只漂流瓶，一名船员在船沉之前将漂流瓶抛进了大海，希望能给世人一个忠告，告诉人们不要再犯他们犯过的错误，漂流瓶被救援人员发现了，可惜在救援船赶来之前，那艘轮船已经沉入了海底，船员们全部罹难。

这则故事告诉我们发现问题，必须立即着手解决，绝不能允许自己拖延，发现问题不愿处理、总是往后拖的现象非常常见，这样一旦延误了处理问题的最佳时机，就会造成严重的后果。我们常听到有人把"以后"挂在嘴边，有的人经常说"再等几分钟"，殊不知在这段时间里任何事情都有可能发生，小问题也有可能无限放大，到时再去处理，难度是非常大的。因此，我们不能忽视小事，也不能不把拖延的几分钟放在心上，无论事情大小，遇到问题就该马上采取行动解决，因为拖延不但会误事，还会产生更多的问题，使原有的问题更加复杂化和严重化。

没有人会相信不守承诺的人

不少人认为凡事爱拖延的人不可信，这是因为办事拖延的人经常因为做事拖拉失信于人，答应在规定日期办到的事总要延后那么几天，久而久之人们也就不再对这样的人抱有信守承诺的幻想了。所谓"人无信不立"，信誉破产对一个人来说可是一种莫大的损失，当身边所有人都向你投来不信任的目光时，那种窘境和尴尬真是难以想象。如果你的朋友不信任你便不敢把任何事情交给你来办；如果你的老板不信任你便不可能对你委以重任；倘若在老板对你了解不深的情况下重用了你，而你因为拖延的问题把事情搞砸了，那么你的职业生涯很有可能就此毁于一旦……

高晨是个才华横溢的设计师，能力颇得老板欣赏，可是他办事拖拉，不到最后时刻就不愿开工，就喜欢在最后期限挑战自己的极限。有一次他晚上十点多还在办公室里加班，试图把已经拖了半个月的设计图纸赶出来，客户一遍一遍地催，他呢，依旧不紧不慢，还在 QQ 上留了一个抓狂的表情来调侃对方，真让人哭笑不得。没过多久，他又和朋友在 QQ 上聊起了 NBA，后来又观看了一场精彩的球赛。

高晨没能在约定的日期把图纸做好，一天后才交工，客户非常不满意，抱怨说："我们公司非常重视和贵公司的合作，可是贵公司却不遵守合约，总是不能在约定的日期内完成工作，我只能很遗憾地说双方的合作还是到此为止吧，我们都不要再浪费彼此的时间了。"高晨一听，不服气地说："不就是晚了一天吗？至于那么小题大做吗？"客户说："这不是一天的问题，这是诚信的问题。你们不遵守约定，这是我们不能容忍的。"

老板得知了事情真相后，狠狠地把高晨批评了一通，因为公司缺乏设计人才，高晨没有被解雇，职务虽然保住了，可老板对他的态度发生了很大的转变。等到高晨因为拖延耽误了 3 个合作项目，给公司造成 10 万元的损失后，老板再也不敢把重要项目交给他来做了，高晨的前程一片黯淡。

像高晨这样因为拖延而毁掉个人信誉的人非常多，如今社会生活节奏越来越快，每个企业都讲求效率和效益，企业之间的合作是靠信誉来维持的，企业和员工之间的合作也是以信誉为依托的，作为一名工作者，失信于企业就等于埋葬了自己的个人前途。有些拖延者不到最后关头就紧张不起来，这无异于拿自己的信誉冒险，和时间赌博可没有绝对的胜算，赌输了就要为自己的行为埋单。

企业需要的是能按时完成工作、执行高效的优秀员工，而不是总把工作延期、做什么事都慢半拍的人。绝大多数企业都不能容忍由于个人拖延的原因而使公司信誉扫地，因为在竞争激烈的商业环境中，信誉好比企业的金字招牌，失去了它，就会失去客户和市场。有损企业信誉的拖延者要么被弃之不用，要么会被解聘，是不会受到任何公司垂青的。

美国得克萨斯州休斯敦的一个区加油站，工作人员有一天没有及时公布油价，引起了领导约翰·丹尼斯的注意，当天他巡视了那个加油站的工作，发现有个名叫费里奇的员工没有尽职尽责地工作，他毫不客气地批评道："费里奇先生，你大概还熟睡在昨天的梦里吧！你的拖延已经给公司的名誉造成了损失，我们应收取的单价比公布的单价多了5美分，我们的客户当然会发现这一点，他们完全可以在各大场合公开谈论这件事，嘲笑我们的管理水平，我们的公司会因此沦为业界的笑柄。"费里奇听后，一刻也不敢拖延，马上更换了告示牌。

良好的个人信用是人们工作和生活必要的保证，诚信不仅是一种道德要求，也是人与人相处、人与社会相处的基石，做人讲信用，才能赢得他人和社会的信赖，才能享受信誉给自己带来的益处。办事拖延、不守信的人不可能得到他人的尊重和认同，其个人发展也会受到极大限制。可以毫不夸张地说，失去信用是做人最大的失败。一个言而无信的人，会摧毁多年经营起的人际关系，拖延则能毁掉关乎个人事业发展的人际纽带，由于失信和执行力问题，拖延者将破坏掉曾经愉快的合作关系。

我们都知道如果办理了信用卡，不能按时还款，个人的信用就会受到影响。有的人因为信用卡逾期还款留下了不良记录。当你向公司或客户做出承诺，答应在限定的日期完成工作时，公司和客户也会根据你的表现评估你的信用等级，如果你总是拖延好几天才能把工作做完，经常不兑现承诺，那么你的信用等级就会变得很低，还会在别人心目中留下不良记录，这种记录是很难被抹掉的，因为信用建立起来很难，但是摧毁它却是一件非常容易的事。若不想让这样的事发生在自己身上，就必须改掉拖延的陋习，及时做好自己的本职工作。

拖沓成性，拿什么来拯救生命的激情

有些拖延者做什么事情都不积极，每天上班都要晚到那么几分钟，做事总要比别人慢那么一点点，久而久之形成了一种病态的工作方式，进取心丧失，激情逐渐冷却，惰性蔓延滋生，工作效率越来越低，工作态度越来越消极。

拖延是一种不良品质、是扼杀激情的元凶，当你被一些琐事吸引，将时间和精力耗费在不必要的事情上，对工作就会越来越提不起兴致。长此以往，工作的积极性和主动性就会受到影响。拖延者缺乏主动性，在没有被催促的情况下根本就不想加快工作进度，他们长期安于现状，任时光匆匆溜走，因为激情不再，便只想腐朽而不想燃烧。

小庄在刚刚大学毕业时，是个充满雄心壮志的热血青年，走出象牙塔之后，外面的一切对他来说都显得那么新鲜有趣，对于刚从事的工作他充满了热情。可是仅仅过了3年之后，他的激情就减退了，究其原因，主要是和拖延症有关，他平时在生活中做事就总是拖拖拉拉的，在工作上也是如此，在正式开工之前总要忙点别的事情，渐渐地就养成了懒散的习惯，自控能力越来越差，经常被各种各样的事吸引，一会儿看视频、一会儿登录论坛，由于常常分心，对日常工作的兴趣越来越淡，当所有的激情都烟消云散之后，他就变得不思进取了，每天都在浑浑噩噩中度过，不再幻想自己有更大的发展。

其实小庄也曾想过要改变自己的工作状态，可是无论怎么努力他都找不回当年的激情了，他时常感到惆怅，自己分明是个20多岁的年轻人，为什么状态会像老年人那样暮气沉沉呢？

像小庄这样的人有个专有名词叫作"职场橡皮人"，这类人对待工作十分冷漠，心中的激情早已泯灭，就像橡皮做的假人一样机械地工作。职场橡皮人在我们身边几乎随处可见，许多白领在同一个工作岗位工作两三年之后，就会出现"橡皮化"倾向，造成这种状况的原因很多，其中不可忽视的一个重要原因便是拖延症产生的消极影响。

拖延者经常使用这样的说辞来安慰自己："等我有空再做。"似乎自己真的是个工作繁忙的大忙人，事实上他们常在一些无意义的事情上浪费时间和感情，把激情投放到与工作不相干的事情上，等到真正有了空闲的时候，还是想着玩乐，结果灵感、热情和创造性都在无尽的空虚中化为了泡沫。拖延让人失去生命中最为珍贵的东西，空耗的时间和精力，让热血和激情降到冰点。

威廉从小立下志愿，将来长大了要成为国内最有名的画家，可是因为各种原因，几十年过去了他仍未拿起画笔。16岁那年他在一本美术书上有幸见到了梵高的经典画作——《向日葵》，被画中强烈的色彩迷住了，向日葵散发出来的旺盛生命力好像比太阳更为耀目，当天他就买了颜料，想要挥笔作画，可是窗外却传来小伙伴喊他踢球的声音，他应了一声，放下画笔，高高兴兴地跑去踢球了，心想学画的事以后再做吧，人的一生那么漫长，他总会有机会的。

后来课业变得繁重了，为了考上好学校，他把大部分精力投入到了学习之中，画画的事暂时被推后了。大学毕业后，他成了一名普通的职员，拿着一份不多不少的薪水，他也想过要拿起画笔，可是现在学已经来不及了，他对自己说工作太忙了，根本抽不出时间，于是学画的计划作罢。

有一天威廉陪伴朋友参观了一次画展，一幅幅色彩明丽的油画作品映入眼帘，那些功力颇深的画家不乏后起之秀，威廉回来后受到了很大的刺激，立即辞了职，决定重拾绘画。他终于有了充裕的私人时间，本以为自己会全身心投入到绘画中，没想到看着眼前的颜料，他已经没有了当年的感觉，他不再有创作的激情了，起初他还能保证一天画几个小时，渐渐地越来越没有耐心。不久之后，他便把画笔锁进了工具箱，永远地告别了绘画梦想。

做什么事都拖延的人注定平庸一生，有时候你觉得未来很遥远，你有无数次可以改变自己的机会，可曾想过拖延让你浪费了多少光阴，错过了多少精彩？从事一种具有挑战性的工作或一件自己毕生追求的事情，本是一种可以令人热血沸腾的事，但是一旦被拖延的病毒侵入，所有的壮志豪情都会成为久远的记忆，尘封的激情化作了灰烬，你的生命就会像温开水一样没滋没味。

拖延是危险的，因为它，你生命的火焰不能轰轰烈烈地燃烧，人生变得苍白无力，就像一幅没有鲜艳色彩的庸俗画卷。在与拖延症为伍的日子里，你不愿意主动做任何事情，工作时长期保持昏昏沉沉的状态，心中没有追求。当然你也会时常对这样的生活感到厌倦，也想激活自己全身的细胞，可是却发现很难做到。

我们经常可以看到有些人在健身房挥汗如雨、在酒吧闲聊、在商场购物好几个小时都没有一点倦意，可是在上班时却每天无精打采、面色麻木，日复一日地在近乎机械的程序中埋没了自己，成为让自己唾弃的平庸者。人可以平凡，但是不应该平庸，平凡是一种常态，平庸是一种病态，拖延是导致人终生平庸的罪恶因子，一日不除掉它，你的生命就没有激情的萌动。

如果你觉得自己的人生空洞得乏善可陈，不要再抱怨命运的不公，而要从自身身上找原因，改变对待人生的态度，正视拖延给自己带来的影响，重启人生的程序。

别让拖延症拖垮了你的健康

拖延症的成本高昂得令人震惊，据美国相关研究显示，由于不能及时填写报税表，每年国家损失的数额高达数亿美元。哈佛经济学家戴维·莱布森指出，因为拖延的缘故，美国工人没有在合适的时间参加退休计划，失去了很多本该领到的退休金。

拖延症导致的财富损失是惊人的，但财富是有价的，可以重新积累，健康则不然，由于拖延治疗或者缺乏及时妥善的护理，很多病患付出了惨重的代价。据统计，在患有青光眼的病人之中，70%的人由于没按时滴眼药水而面临失明的危险。很多疾病，起初病情很轻，如果能够得到及时治疗，不用花费多少成本就能治愈。可是人们常常不把小病放在心上，有病一直拖着，不肯就医，结果导致病情恶化发展成了顽疾，到时治疗费用会翻倍增长，治疗难度也会加大，治愈的可能性并不大。

小康是一个慢性鼻炎患者，鼻子不通气，感觉非常难受。他很后悔自己拖延治病，3年前他得了一场重感冒，开始流鼻涕，他觉得感冒是件小事，根本没有必要处理，虽然在那段日子里，他每天都必须准备多包面巾纸，鼻子也变得通红，但他没有去就医，甚至连感冒药都没有吃。

一个月之后，他开始流浓鼻涕，到药店买了药服用，不见什么效果，后来症状越来越严重，他还是没打算到医院里诊断，认为流鼻涕不是什么大事，自己工作又忙，便决定用药物控制。随后他一直使用滴鼻液，把接受正规治疗的时间延后了整整3年。

3年过后，他的症状更加严重了，不但流浓鼻涕，而且头脑昏昏沉沉的，已经影响到了日常工作，迫于无奈，他只好到医院就诊。医生说他患上了慢性鼻炎，需要手术治疗，他花了好几千元做了手术，症状有所缓解，但是鼻子还是时常不通气，感觉非常痛苦，之后他又寻求其他治疗方法，心力交瘁，不知道自己的疾病是否还有望治愈，自己还有没有机会恢复健康，过上正常的生活。

我们知道健康是无比宝贵的，曾有人提出过一个非常著名的理论——健康数论：健康是处于首位的，代表1，而其他人们所重视的东西，譬如事业、财富、名誉、爱情、婚姻等均是跟在后面的0，没有了前面的1，后面有再多的0也没有意义。这个道理很简单，没有健康就没有一切。如果身体垮掉了，又怎么能有心情享受财富、名誉和爱情给自己带来的欢愉。拖延摧垮健康，小病拖成大病、大病拖成不治之症，这样的例子在我们的生活中屡见不鲜。有不少成功的企业家因为忙于事业，生了病拖着不去治疗，结果导致英年早逝。很多人有病不去医治，一方面是因为没有对疾病给予足够的重视，另一方面是因为习惯性拖延。凡事习惯了拖延，看病也是如此，总找借口说自己有更重要的事要处理，把就医的计划一拖再拖，拖到身体功能失灵，疼痛难忍的地步才被迫走进医院的大门，可是严重到如此地步再去治疗，显然已经太迟了。

小妍是个18岁的妙龄少女，个性爽朗，平时大大咧咧的，做事总是慢条斯理，拖拉成性。有一年夏天，她下班回家后忽然觉得自己出了很多汗，头也很痛，鼻子很不舒服，流了很多清鼻涕，这些症状都和感冒相符，她觉得感冒不是什么大事，休息一下几天就能自愈了。

当天，小妍吃完晚饭后早早休息了。第二天，她感到全身酸软无力，头痛更严重了，于是吃了一些感冒药，坚持上班。同事见她面色不好，纷纷劝她请假休息，建议她最好到医院诊断一下。小妍笑着说："只不过是感冒而已，有什么大惊小怪的，没必要去医院，再吃几天感冒药就好了。"过了一个星期，小妍的身体状况没有好转，同事又劝她不要拖了，赶紧去就医，上司也说可以让她请几天假，小妍却还是不以为然："没事，只是发烧、流鼻涕而已，再挺几天就好了。"

又过了一个星期，小妍病情加重，有一天突然身体开始抽搐，很快不省人事，同事慌忙把她送进了附近医院。当时她已经高烧 39 度，经诊断之后医生说她得了病毒性脑膜炎，当时的情况非常危险。经过一番抢救治疗后，小妍终于苏醒过来，得知自己的惊险经历以后，她不禁感慨万千，没想到自己只是得了一场感冒，拖了半个月竟然发展成了病毒性脑膜炎，如果不是抢救及时，真不知道会发生什么可怕的事，以后身体出现什么状况她再也不敢拖延了，因为拖延有可能害死人的。

人的健康之路，好比有无数汽车行驶的高速公路，每个人都是自己的司机，长途漫漫，有时会产生倦意，如果遇到了特殊路况，我们必须及时做出反应，不能延后处理。拖延者察觉到了自己身体的异样，却不愿及时就诊，以致把小病拖成重疾。很多重病都是由看似对人体危害不大的小病发展而来的，小病有时会引起多种并发症，就像蝴蝶效应一般牵动人的整个身体，对人体造成巨大的伤害，有时还会发展成绝症。在这个谈癌色变的时代，我们不能让拖延误了自己，避免癌症的噩运降临到自己头上，无论工作有多忙，无论手头还有多少事情要处理，有病就去及时就医，多拖一天就增加一分危险，千万不要等到医生无力回天时再后悔，把握好自己的健康，从"拖延俱乐部"中及时抽身，一切都还来得及。

第三章

你被拖延症"绑架"的 N 个成因

被拖延症"绑架"后，你就完全失去了自由，有的人认为这属于咎由自取，作为拖延者的你也有可能认同这种说法。其实拖延并不是品性的问题，而是复杂的心理问题，心理学家认为，影响拖延的因素涉及人内心的感受，压力太大、恐惧失败、追求完美、害怕被控制等因素都会导致拖延。

拖延症是你的人生观、价值观、自我认同的产物，当你的人生观、价值观发生扭曲，产生自我认同障碍时，拖延症就会不期而至。你只有弄清自己被拖延症"绑架"的成因，充分了解自己的心理弱点，才能成功从拖延症的魔爪下逃脱。

压力大的人难丢"拖字诀"

忙忙碌碌的现代人习惯了朝九晚五的快节奏，他们每天行色匆匆地上班、下班，几乎来不及看清沿路的风景。只有少数人成功把自己修炼成了"深海鱼"，对压力已经感到麻木了。大多数人面对压力仍旧感到无所适从，为了逃避压力带来的痛苦，他们选择了拖延。每个物种都有趋利避害的本能，人类亦是如此，承受不了重压，痛苦到难以自持的地步，就会仓皇逃离，拖延症由此而生。

压力是产生拖延行为的重要原因之一，我们理性的大脑总是告诫我们应该应对挑战，蔑视压力，迅速果断地采取行动，可是我们的潜意识里无时无刻不想让自己从巨大的压力中挣脱出来。我们脑海里总有一个声音在说："我为什么要这么累呢？""哪怕能喘息片刻也好。""我不管明天怎样，今天就想好好休息。"既然工作让我们痛苦，我们便会利用各种方式来延后处理手头的事情，拖延症便有了滋生的土壤。在和压力抗衡的过程中，压力大的人很难丢开"拖字诀"。

王先生作为公司市场部经理压力特别大，他不但要负责管理手下几十名业务员，还必须对未来的工作做出规划，拟写市场分析报告是他工作中的重要内容。公司向来重视市场分析报告，还将报告与管理人员年底的绩效考核相挂钩，王先生知道市场报告对于公司和他本人有多重要，可是写报告并不是他的强项，每次写报告他都感到有些力不从心。

为了写出一份内容丰富、具有说服力的市场报告，王先生需要收集大量的资料，工作量非常大，每天他都忙到焦头烂额。最近因为压力太大，他拖延症的老毛病又犯了，每次拖延，他都找借口说自己没有准备好，需要多收集些资料才能动笔。这次一直拖到周末，他已经收集到了大量的资料，可是却一个字都没有写，报告的题目还没有想好，无奈他只好利用休息日赶工，因为下周一就要提交报告了。

王先生当天连续工作了十多个小时，忙得饭也顾不上吃，才勉强把报告写完了。可是仓促完成的报告质量必定大打折扣，到了下周一他战战兢兢地把报告交给了老板，老板看后果然很不满意。当月他绩效考核的分数很低，奖金被削减了不少，王先生吞下了拖延的苦果后，心情更加低落，心理压力成倍增长。

看完这则案例，我们不妨站在王先生的立场上来揣测一下他当时的想法，他可能会这样想："写报告真是一项烦琐的工作，既需要查找大量的文字资料，还要收集翔实的数据，在那么短的时间内完成这项工作实在压力太大了，如果能不做这样的事情该有多好啊！"这种想法没有什么不正常的，绝大多数人都讨厌烦琐沉重的工作，辛苦自不待言，还要在规定期限内做完，心理产生排斥反应也是合乎情理的。但除了这种想法以外，他的潜意识里还回响着另外三种声音，它们直接导致了他的拖延行为。

"这项工作对我来说太难了，我不想去做它，就算我排除万难准时把报告交给老板了，他那么挑剔，也未必会对我的工作感到满意。"

"我并非是没有长远眼光的人，可是我不愿为了未来而忍受眼前的压力和痛苦。"

"我承受不了压力和痛苦，生活如果不能如我所愿，我就感到无法忍受。"

王先生为什么会产生这些想法呢？要解释这个问题，需要追溯到人类的婴儿时代。当我们还是襁褓中的婴儿时，所有的愿望和欲求都能通过父母无条件得到满足，可是长大以后我们发现自己的很多欲望和需求都是不能被满足的，而在我们的潜意识中渴求舒适和被满足的欲望一直延续了下来，这就造成了一种难以言说的痛苦，压力由此产生。每个人都渴望能够随心所欲地生活，想要什么就能得到什么，觉得生活不应该如此沉重和艰难，如果世事不能如自己所愿，就会选择拖延和逃避。

薛梦琪大学时代学的是法律专业，背诵那些法律条文让她倍感吃力，因为课业太重，又因为法学毕业的学生就业前景不好，她的压力越来越大，大三那年生了一场重病，休学了一段时间。同校不少同学都在为考研备战，薛梦琪本来也想考研，她觉得考研可以延迟就业的时间，读书总比找工作轻松，可是因为身体太差，她没能加入考研大军。

毕业以后，想到要捧着简历挤进熙熙攘攘的人才市场找工作，薛梦琪就感到透不过气来，于是决定推迟就业时间，捧起书本考研，在备考期间，她的拖延症又犯了，一页书都看不下去，直到考前一周才开始临阵磨枪，结果专业课差了 30 多分，她心灰意冷，只好选择找工作了。工作以后遇到一点难题就想逃避，心理承受能力越来越差，后来因为工作效率低下，她被公司辞退了。

我们常把应立即着手处理的事一拖再拖，直到意识到再拖下去就将误了大事，才会废寝忘食、加班加点地赶工，久而久之就会形成拖拖拉拉的性格，认为自己没有能力做好任何事情，自信指数一路暴跌，压力愈大，痛苦愈多。有的人觉得压力能产生动力，这对于意志力强大的人来说确实如此，可是对于普通人而言，压力非但不能产生动力，还会给我们的行动带来阻力，造成拖延。压力在大多数情况下产生的都是负能量，压力越大，我们越需要放松，于是就会把该做的工作抛到一边，选择刷微博和玩游戏，等到临近要工作的时间了，紧迫感向自己逼来，压力又回来了，为了继续放松，我们会再一次拖延，就这样形成了一种恶性循环，这就是工作越紧迫，我们反而越无动于衷，总是忍不住去处理无关紧要的事情的原因。

有种快乐的代价叫拖延

有拖延症的人在选择时具有一定的共性，比如在选择食物时，会优先选择美味的快餐食品，而把健康饮食的计划推到未来。人们在不同的时间会做出不同的选择，一般而言，会选择眼下最想得到的东西，把理性上应该获得的东西存放到以后的时日。这一点在拖延症患者身上表现得尤为明显。如果你把一个水果和一块蛋糕推到他眼前，问他一周后想吃什么，他会回答说是富含营养的水果，但是，如果你问他现在想吃什么，他会说是高热量的可口蛋糕。

从上面的例子我们可以看出，拖延是人们想要自己的需求立即得到满足而做出的非理性选择。在天性上，每个人都追逐眼前的快乐，而这种快乐的代价就是拖延。有时你为了提升自己的欣赏品位，在电脑上下载了无数部颇有内涵和深度的经典电影，可是这些电影你几乎从来没有看过，大部分休闲时间你都用来浏览八卦新闻了。这种行为倾向叫作"即时倾向"，指的是你的大脑认为眼下的满足感是最为重要的，只要现在快乐就可以了，未来是遥远的，不需要马上纳入考虑范畴。因此，该做的事情和想做的事情来排序的话，该做的事情总是被拖后。

斯坦福大学的研究人员曾经做过一项长期实验，实验的对象是一群小朋友，他们把诱人的棉花糖、曲奇、蛋卷、饼干等零食放到孩子们面前，告诉这些垂涎欲滴的孩子他们想吃什么都行，不过如果谁愿意忍耐几分钟再吃，就能得到双份的零食。假如实在等不及了，想马上吃到零食，只要按按铃，就能得到一份解馋的零食，而不是两份。

多数小朋友感觉为了多吃一份零食忍住馋虫实在太煎熬了，于是即刻按了铃，得到零食后立刻高兴地吃掉了。只有几个小朋友忍住了美食的诱惑，最终得到了双份的犒赏。实验结束以后，研究员对这些孩子进行了跟踪观察，对他们在高中、大学和工作以后的表现进行评估，那些能克制住眼前欲望的孩子更加理性，适应能力也更强，在各方面的表现都更为出色，而那些按铃更快只满足于一份零食的孩子，长大后性格和行为上都有一些缺陷，他们的表现和成就要远远逊色于当年那些善于忍耐、得到两份零食的孩子。

显然，有拖延症的人和实验中忍受不了眼前欲望被面前的美食冲昏了头脑的孩子十分相似，他们迫切渴望得到满足感，一秒都不愿多等，就算知道这样做会损失一份美食也无所谓，因为那是几分钟以后的事，不是现在的事。我们又何尝不是如此呢？为了追求眼前的刺激和快乐，满足现在的需要，不惜透支未来的生活。无数的拖延者高喊着："把痛苦留给明天吧，今天我只想得到快乐。"恨不得把该做的事情拖到下一个世纪，只愿做最想做的事情，无论它是否有意义。

有三位专家对人们的选择偏好展开过一项研究，他们让参加实验的受试者从 24 部电影中选出 3 部来观看，列出的名单中包括诸如《西雅图不眠夜》《窈窕奶爸》等较为通俗的娱乐电影，也有像《辛德勒的名单》《钢琴家》等经典电影。专家要求受试者先选出一部电影立即观看，第二次选择的电影两天后观看，最后一次选择的电影要在四天后观看。

虽然大多数人都选择了《辛德勒的名单》这部有深刻意义的电

影，因为这部电影获奖无数，是部口碑不错的佳片，可是一半以上的人在第一天观影时都没有观看这部影片，喜剧和娱乐性较强的爆米花电影成为他们的第一选择。随后专家又做了一次实验，要求受试者一口气看完 3 部选好的影片，选择观看《辛德勒的名单》的人在比例上仅为原来的 1/14。

比起靠堆积特效、搞笑元素取胜的爆米花电影，感人至深、内涵丰富的经典影片更应该成为丰富我们业余生活的内容，可是在感官上，我们追求视听刺激和短暂的快感，满足于当下的体验，对于可以给我们带来深刻思考、能给我们带来有益启发的电影反而会敬而远之。这便是我们选择上的局限性。因为我们总是选择能给我们暂时带来快乐的事物，而不是对自己有益的事物，所以不重要的事情总能让我们忙个不停，而最为重要的事情却被我们拖到了 N 个下一天。

在和自己大脑中的"拖延症细胞"做斗争时，我们输得很彻底，于是好的计划被搁置，工作让位于娱乐，我们在快乐的泡沫中沉溺，泡沫破碎后，我们便痛苦地下跌，跌落到现实的地面上，仍想延续短暂的欢愉，于是再次用随时可能破灭的欢乐泡沫包裹自己，祈祷时间无限加长，把自己不想面对的事情无限期延后。

拖延符合人的本性，在人的固有天性当中，有很多特点是不符合自身长远发展的，拖延无疑是一种短视行为，只注重当下的感觉，不惜牺牲未来的利益，这种表现体现的便是人性的弱点。如果我们屈从于自己的弱点，任何高远的志向、宏伟的计划，在拖延症面前都会不堪一击。人类是感性的动物，但是仍具有理性思维，我们不应该为了追逐眼前的快乐而一味拖延该做的事情，而应该时刻对自己敲响警钟，放弃暂时的欲望，把拖延的想法消灭在萌芽状态。

失败的耻辱比任何恶果都可怕

有的人宁愿吞咽拖延带来的苦果，也不愿意承受失败的屈辱。对这类人而言，一切的痛苦都抵不过对失败的恐惧。在他们的价值观念中，失败代表着无能、没有价值以及对于一个人最终极的否定，没有什么比失败更可怕的了，谁又能接受自己是个毫无用处的废物这种说法呢？我们常听到有些人自我调侃说："我活着就是在浪费粮食。"恐惧失败的拖延者并不会把这样的结论当成笑话，如果遭遇失败，他们就会这样看待自己。

从某种程度上说，拖延能让恐惧有所缓和，因为可以暂时回避面对失败的压力。拖延者在付诸行动之前总是瞻前顾后、犹豫不决，担心把事情搞砸暴露出自己的无能，害怕受到鄙视和嘲笑，更怕被自己看不起。为了自我保护，他们会变得畏首畏尾，做什么事情都如履薄冰，把行动一再拖后，甚至故意不付出全部努力，这样当自己沦为败军之将的时候，还可以自我安慰说："我并没有彻底失败，我保留了部分实力，我不是失败者，因为我没有发挥到最高水平。"

杰森在一家声誉良好的律师事务所工作，大学毕业后他如愿成为了一名律师。可是大学时代的拖延症一直尾随着他，给他的工作带来了很大的干扰。在学生时代，每次考试他都高度紧张，害怕自己考不好，担心被扣上失败者的帽子，总是拖到临考前两天才开始复习功课，大部分时间都在和同学打篮球。他想，大家都清楚他成绩不理想是因为复习不充分，时间都浪费在打球上了，他的智力是没有问题的。

完成学业后，他有了这份让自己颇感自豪的工作，可是对失败的恐惧却越来越强烈，他怕自己在法庭的唇枪舌剑中落下风，担心被辩方律师找到辩词的漏洞而受到攻击和嘲笑，最让他不能接受的是打输官司。接到一个新案件时，杰森内心非常不安，延误了很多工作，比如背景调查、约见客户和撰写案件小结等。他试图打一场绝对胜利的战役，每天在一些琐事上忙个不停，最重要的工作内容却一直拖着不做。

杰森承认他把过多的精力和情感都浪费在了应对败局的准备上，没有用心开展工作，临近庭审日期时，他比被推上被告席的人还恐慌，余下的时间不够去撰写案件小结了，结果他只好仓促做了些收尾工作，心想如果官司打输了，他可以对同事说："如果再多给我一个星期的时间，我肯定能把工作做得更好，时间太紧了，我没有办法在那么短的时间内写出出色的案件小结。"

杰森宁愿面对灾难性的后果，也要把面对失败的时间向后拖延。他清楚拖延工作意味着什么，可是还是做出了如此不理性的选择。对于他来说，失败就像洪水猛兽一样恐怖，只要能暂时避开它，哪怕苟延残喘几秒也能减轻痛苦。为什么他对失败会恐惧到这种地步呢？一个最有说服力的解释就是 "失败恐惧论"。格罗尼根大学的教育心理学家认为，人们预测自己可能面临失败的风险，拖延是其面对焦虑的一种反应。拖延者惧怕自己犯错误，担心自己的表现不尽如人意，因此选择推迟或逃避执行工作，以便能在遭到质疑后可以为自己辩驳说："没有出色地完成任务不是因为我不行，我耽搁了一些时间，时间不够了。"

加州大学伯克利分校心理学家也同意这种看法，拖延者认为成败反映了一个人的能力，通过拖延的手段他们可以使自己的价值不被贬值，免受他人评判。拖延者采取拖延策略基于以下假设：

我做的工作是衡量我个人能力唯一的标尺。

能力＝价值，如果被证明能力不足，我就成了没有价值的人。

我的表现体现了我的个人价值。

也就是说工作表现体现个人能力，反映人生价值，拖延使工作表现和个人能力之间的等号不成立，拖延者会说："我表现不好，不代表我没有能力，因为各种原因，我做事耽搁了，由于时间问题，我发挥失常了。"如此一来，表现和价值之间的链接就松动了。拖延者尽管可以欺骗别人，却唯独欺骗不了自己，即使他们没有因为失败的经历而被别人看成"垃圾股"，但是经受失败的打击以后，他们也会对自己的能力产生怀疑，不可能再把自己当成"潜力股"和"绩优股"。

"成败乃兵家常事"，常胜将军是不存在的，不可一世的拿破仑也曾遭遇了滑铁卢，伟大的发明家爱迪生为发明电灯失败了上千次，不经历失败的漫长黑暗，便没有机会迎来胜利的黎明。拖延不能扭转败局，只能为自己的怯懦表现找到说辞，克服对失败的恐惧，踏着荆棘向着目标方向挺进，才能实现自己的人生理想，收获美满的成功。

自古希腊开始，崇尚体育精神的人一直想要刷新赛跑的纪录，达到4分钟跑完1英里的目标。为了让自己跑得更快，参赛者想尽了办法，有的喝虎奶健体，有的甘愿被狮子追逐，但是长期以来所有的人均挑战失败，谁也不能在短短4分钟内跑完1英里。很多医生、教练和运动员由此断言这是一项不可能完成的任务，人类的骨骼结构不适合急速奔跑，肺活量也达不到要求，风的阻力减慢了运动员的速度，总之列举了各种人类理应挑战失败的理由。

可是后来有一个叫罗杰·班尼斯特的人跑出了4分钟1英里的成绩，刷新了世界纪录，在当时引起了巨大的轰动，一年以后，又有300名运动健将在4分钟内跑完了1英里。人类骨骼的结构当然没有发生任何改变，风的阻力也没有被控制，可是在同样的情况下，一个人获得成功，其他人便看到了希望，于是被称之为不可能的事变成了现实。

罗杰·班尼斯特为什么能成为首位破纪录的人呢？因为他打败了对失败的恐惧，全力以赴地投入到了比赛中，这说明拖延并不是医治失败的良药，只有克服自己的心理障碍，超越自我，才能移开失败的巨石，走上成功的舞台。

都是完美主义惹的祸

人们常常认为，办事拖拖拉拉的人对自己没有要求，毫无上进心，事实并非如此，有些拖延者对自己要求很高，属于不折不扣的完美主义者。很多人也许不明白，那些办事磨蹭散漫、经常把事情搞砸的人身上怎么可能潜伏着完美主义的基因？奉行完美主义的人应该具有强大的意志力和执行力，拖延者的表现却完全与此相悖。许多拖延者也是这样认为的，所以他们也意识不到自己竟是完美主义者。

心理学家把完美主义者划分为两种类型，一种是适应型完美主义者，另一种是适应不良型完美主义者。顾名思义，前者适应能力较强，自尊、自信，能力出众，对自己要求甚高，相信自己可以达到期望；而后者对自己也有高标准和高要求，但自信心不足，觉得自己永远都无法把事情做好。

很多拖延者属于后者，对自己期待过高，往往不切实际。譬如一个文笔平平、首次尝试写小说的人期望自己第一次动笔就能写出轰动文坛的作品，一个入行不久的销售员希望他接触的每一位顾客都能购买自己的产品，他们对自己的期望超过了自身的能力，期望越高，失望越大，希望落空本是非常正常的事。由于预感到自己不能把事情做得尽善尽美，他们便把大量时间浪费在了准备工作上，迟迟不愿付出行动，不到万事俱备的时刻，就不打算全速前进，导致办事效率低下。

威尔做事力求完美，他不能容忍哪怕一丁点的失误，作为企业的中层管理者，他希望自己能做出准确无误的决策和最完美的计划，他想赢得每位下属的尊敬，期望在每一场会议上的发言都能给全公司的员工留下深刻的印象。

威尔给自己确立的目标太高了，即使是公司的高阶管理层也未必能做到这一点，可是他却偏执地认为作为企业的管理者，必须把各项工作都做到十全十美，否则就是不称职。他的自尊和自信在现实面前受到了挑战，因为他意识到自己并不是一个完美的人，性格和能力都有缺陷，这让他无法接受，于是他开始拖延工作，人事上的事情迟迟做不了决定，该拟写的文书拖着不处理，会议的准备工作迟迟不进行。他想：只要有一个细节没考虑到，一件事情做得不够完美，工作就会被搞砸，到时下属都会发现我根本不配当他们的领导。我不能让这样的事情发生。一想到我的工作可能出现纰漏我就受不了，我太沮丧了，简直没有心情工作，还是先喝杯咖啡再说吧。

喜欢拖延的完美主义者往往把自己看成了宇宙的中心，认为自己必须达到极高的标准，应该能力超群、才华横溢、谈吐幽默，具有无可匹敌的吸引力，如果自己达不到这个标准，就会被全世界抛弃。他们总有一些大祸临头的感觉，觉得如果别人发现自己不完美，就会背弃自己，他们未来的生活将陷入黑暗的深渊。他们常常会想：如果我被证明能力低下，所有人都会瞧不起我，我会失去工作，失去朋友和家庭，变成一无所有的可怜人。于是惶惶不可终日，拖延的劣习在担惊受怕中变得越来越严重。

赵宇文表情木然地盯着电脑上不断闪烁的光标，感到无比茫然，上司要求他和小李在一周之内拟写一份营销企划书，公司要开会讨论营销策划方案，自接到任务起已经过去整整四天了，他一页文字都没有写。他认为这份营销企划对他的职业发展有重大影响，因此必须出彩，如果不能让领导眼前一亮，自己的工作能力就不能得到肯定。

在做数据分析工作时，赵宇文想他绝不能像同事小李那样做什么事都粗心大意，每次做报告都能被发现漏洞，他一定要把自己的企划书打磨得毫无瑕疵，让最挑剔的人也挑不出任何毛病。越是这样想，工作进行得越发艰难，赵宇文对自己拟写的文字一点也不满意，修改了无数次还没达到理想预期。

在开会前 10 分钟，赵宇文才把新鲜出炉的企划书交给上司。上司本已经告诉他和小李，希望他们在会前尽可能地多收集一些市场方面的资料，赵宇文为了做出一份完美的企划报告，大量的时间都耗费在文字撰写上，收集的市场调查资料一点也不齐全，而小李虽然拟写的企划报告有不少毛病，可是收集的市场调查资料非常全备，上司纠正了报告中的几个不准确的词语，仍旧对小李做出了表扬，赵宇文则受到了严厉的批评。

把事情做到无可挑剔的完美地步，是适应不良型完美主义者一贯奉行的信条，这是很不现实的。完美是一种至上的追求，是任何人都达不到的一种理想境界。拖延者对"完美"二字怀有深深的敬意和恐惧，他们每次接到任务，都在担心自己会出纰漏，生怕自己的表现不够完美，为了舒缓情绪，把恐惧降低，他们便会通过拖延来回避自己不想面对的现实。

体育竞技场中的冠军、成功的企业家和荣获过诺贝尔奖项的科学巨子，都能认识到自身能力的局限性，允许自己不完美，能客观地看待自己犯下的错误，但是他们从不拖延工作，而是致力于自我完善。适应不良型完美主义者则完全相反，他们不允许自己表现不佳，要求自己必须得满分，由于疑虑重重不断地做无用的事情来拖延工作，成了做事毫无效率的拖延者。

小心潜伏在大脑里的懒惰因子

拖延并不直接等同于懒惰，但是懒惰是拖延不可忽视的一个重要诱因。通常懒惰的人都有一个共同特征，那便是办事拖沓。懒惰的员工在各行各业都不少见，明明是举手之劳，也懒得立即动手，把今天的事拖到明天，明天的事拖到后天，遇事就推脱，平时拈轻怕重，贪图舒适和享受，把工作当成苦差事，在拖拖拉拉中找到了放纵自己的快感。

每个人身上都或多或少具有惰性细胞，有的人工作勤奋，生活上却比较懒散，比如不修边幅，头发很长了也不愿意打理，手机费懒得交，直到停机才被迫去充值；有的人无论在工作中还是生活中都表现得非常懒散，工作不努力，只要没有人监督，就偷懒耍滑，在工作时间玩手机、打游戏、聊八卦，忙得不亦乐乎，遇到上司检查马上低头工作，摇身一变俨然一副模范员工的模样。下班之后除了娱乐活动什么也不想参与，嫌做家务辛苦，不愿打扫屋子，只要不被垃圾淹没就能安然地守着自己乱糟糟的小屋。

著名女作家三毛的丈夫荷西是一个工作很勤奋、生活很懒散的人。荷西在工作上表现得十分敬业，责任感很强，曾对三毛说过，此生最大的梦想就是娶她为妻，并努力赚钱养她。可是他却厌倦家务，三毛生病时愿意无微不至地照顾她，可是对打扫房间表现得十分抗拒。

三毛实在不能忍受脏乱的环境，就对荷西说："地不扫、衣服不洗，日子过不下去了。"佯装要支撑着病体打扫房间，荷西见她这个样子，很是心疼，赶忙阻止尚未痊愈的妻子做家务。三毛故意激将说："我不打扫谁来打扫？"她本以为荷西会马上说：当然是我打扫，因为你病了。没想到荷西说了句令人哭笑不得的话："谁都不用打扫啊，房子又不会塌下来。"三毛曾用戏谑的口吻描述过自己的心理状态，当时她气得想用花瓶去打荷西的头，但是转念一想花瓶的碎片还要自己亲自动手清理，只好作罢。这当然是句玩笑话，但荷西在生活上的懒散由此可见一斑。

徐艳在生活上的散漫和荷西比起来有过之而无不及，下班后她喜欢懒洋洋地躺在床上玩手机，衣服不洗、地板不拖、用过的餐具也不刷，零食的包装袋堆满了垃圾桶她也懒得倒。本来计划多读几本有内涵的好书，每次看到书籍的封面时就放弃了，心想读书是多么累人的事，还是等到自己有兴致时再去翻看吧。

在工作上，徐艳依旧是难以用意志支撑起自己的一副懒骨，为自己找了各种借口来拖延工作，比如天气不好、心情不好、晚上没睡好等，总之她有一千个理由放慢自己的脚步，年仅20多岁就像一个退休老人一样做什么事都慢腾腾的，没有一点激情和活力。

懒人经常为自己的懒惰行为找各种借口，想要睡懒觉就称自己闭目养神、养精蓄锐，想要逃避工作就说暂时放松一下神经能使之后的效率更高，养成拖延的恶习之后仍不忘为自己辩护，列举的理由千奇百怪。懒人大都有不劳而获的心理，总想把辛苦工作排除在自己的生命之外，在拖延中浪费了大量的时间。

勤奋是医治懒惰性拖延的解药，曾有一位古罗马皇帝在临终时给世人留下了一句宝贵的遗言："懒惰是一种借口，勤奋工作吧。"勤奋和功绩是罗马人的两大箴言，凭借它们罗马人建立起了强盛的帝国，那时没有人厌恶劳动，所有从战场上凯旋的将军都自愿到田间劳作。后来罗马逐渐变得繁荣富强，罗马人开始贪图安逸和享乐，越来越懒惰，慢慢走向了堕落，罗马帝国渐渐衰落了，分裂后被强敌所灭。以史为鉴，我们可以了解到懒惰对于一个民族造成的伤害。对于个人而言，拖延是对惰性的纵容，我们允许自己拖延，在某种程度上就等于我们纵容自己的懒惰行为。

李碧华曾经创作过一个名为《懒鱼馋灯》的故事，讲述的是黄安的发妻银婴本是一条美丽的银鱼幻化的，她长得白皙水嫩、体态婀娜多姿，为报不啖之恩，嫁给了黄安。黄安对于这个如花似玉的娇妻非常迷恋，银婴享尽了宠爱，开始养尊处优起来。

银婴太懒惰了，除了吃和睡，几乎什么也不做，脂肪越积越厚，人越来越胖，黄安渐渐地感到忍无可忍，只是暂时没有发作。银婴贪睡，有时竟能睁眼入梦。婆婆对她的好吃懒做也开始有了微词："门不开，店不守，油瓶推倒了也不扶！"看着别人家的媳妇勤于料理家务，晚上还挑灯纺织，自家的儿媳却像个蛀虫，早晚会把家里吃空，就怂恿儿子休妻。

银婴一点也没察觉这对母子抛弃自己的计划，依旧我行我素，过着慵懒舒适的生活。有一天，黄安把她引到水池边，说她毫无用处，让她回归江海，银婴淌下了眼泪，黄安仍没有心软，将她推入水中。过了几天有人给黄安送来鱼料，是一尾体态丰腴的胖鱼，告诉他这鱼反应迟钝，泳术荒疏，很容易就被擒获了。

黄安认出了这尾懒得逃生的肥鱼，便是满身脂肪的银婴，觉得它并非全无用处，于是将其脂膏刮下来，提炼出灯油用来燃灯。这盏灯甚为怪异，每当家中高朋满座，各种美食摆上餐桌时，灯馋了，光焰就分外明亮。每当丈夫和婆婆劳作时，灯就懒洋洋地不愿照明，光线昏暗不明。即使化成了灯油，银婴还是本性不改，想要永生永世懒下去。

懒惰是包括人类在内的一切动物的天性，在漫长的进化史中，人和动物之所以勤奋大都是为了生存。进入文明社会以后，人类有了更多的追求，但是懒惰的天性仍然保留了下来，懒惰的直接表现形式是拖延或拒绝做苦差事、好逸恶劳，这会左右人的生活和工作状态。想要战胜拖延症，必须克服自身疏懒的本性，将懒惰因子从自己身上清除出去，让勤奋的血液在自己躯体里奔流，只有这样才能拥有崭新的精神面貌，过上积极上进的生活。

摆脱刺激型拖延，树立正确认识

有些人拖沓是为了寻找刺激，将事情拖到最后一刻才开始动工，是一种游走在边缘地带的极度冒险，它像蹦极一样能让人的肾上腺激素狂飙，又能使人感受到在悬崖两端走钢丝的紧张与兴奋，总之整个过程是令人热血偾张的，对于富有冒险精神的人来说具有致命吸引力。

患有刺激型拖延症的人把压力当成了动力，他们主动选择在重压下接受挑战，就像冒险家们主动选择征服险峰。在压力带来的紧张不安和刺激中，拖延者迫使自己进入冲刺状态，期望最后一秒变超人，以超乎想象的速度完成全部的工作任务。如果成功了，便可以满足他们的虚荣心，他们可以炫耀说自己是如何在最短的时间完成大量工作的；就算失败了，他们也不会为了吸取教训而放弃这种由豪赌带来的刺激体验。

小枫供职于一家媒体单位，工作的主要内容为采访和写稿。他习惯在最后一刻钟发稿，每次采访结束后，他都不想写稿，借口是没灵感，还说只有时间紧迫时自己才能文思泉涌。其实他喜欢在稿件截止前分秒必争地赶工，那种疯狂赛跑的感觉能真正调动他全身的兴奋细胞，就好像开赛车一样刺激。

小枫是个意气风发的年轻人，他不想让自己在琐碎的工作中变得按部就班，尤其耐不住寂寞，看到同事们用理性的大脑思考问题，每天吃着乏味的午餐，写着程式化的乏味文章，他便觉得这样的生活太无聊了，如果不加入点新鲜刺激的元素，青春就会腐朽，所以他总用拖稿的方式来刺激自己的神经，有时一口气坐在电脑前写下上万字，累得几乎虚脱，可是心情却十分愉快。

拖延并不总是给他带来好处，有时他拖到最后几个小时才开始赶稿，他觉得自己有可能不能按时完稿，到时一定会遭到领导的训斥，紧张得手心里沁满了汗珠。由于惶惶不安，他捕捉不到灵感，手指也变得麻木起来，敲键盘的声音在静寂的环境中响亮清脆得可怕，他能清晰地听到自己心跳的声音，觉得自己是个拙劣的冒险家，眼看闯关失败，不但会给领导留下坏印象，也可能赔上自己的前途，这又是何苦呢？

好在在最后关头，小枫小宇宙爆发，竟然奇迹般地写完了稿子，他感到犹如得到大赦一样幸运。后来小枫的侥幸心理越来越严重，他总觉得自己能突破极限，扭转不利的局面，于是经常把稿子拖到最后一天来写，曾经创下过一小时写完3000字的纪录，他甚至开玩笑说也许哪一天自己可以申请吉尼斯纪录呢。可是想想交稿前的煎熬也确实是很不好受的，刺激也会带来很多副产品，比如精神高度紧张、失眠等，身心健康都受到了损害。

拖延者有时会对未来做出错误的估计，表现得高度乐观和自信，认为自己在潜质和效率方面要高于常人，别人需要耗费好几天才能完成的工作量，自己在短短数小时内就能全部做完，而且在高压的刺激下还能超常发挥做出精品来。我们知道未来是不可预知的，没有人能做出精准的预言。刺激和紧迫感确实能在一定程度上激发人的潜能，可是这只是少数情况，极少有人能做到"泰山崩于前而色不变"，当人们意识到最后期限不断向自己逼近，自己无力完成任务时，都会感到慌张，而慌乱则会导致粗制滥造，所以在临近最后时刻完工的作品极有可能是虎头蛇尾，品质经不起考验。更糟糕的是经常处于紧张焦虑的状态，人的心理会受到很大影响，高压能带来刺激和快感，也能压垮人的神经。因此，我们应该辩证地看待拖延的问题。

胡英杰是一家广告公司的策划师，按照上司的安排，他需要以半个月为一个工作周期，每个工作周期都要为公司贡献出一套新的策划案。每个工作周期开始时，他都觉得时间绰绰有余，根本不用着急，策划讲究的就是点子和创意，它们不是慢慢思考出来的，而应该是在紧张刺激的环境下偶然迸发出来的，所以总是拖着工作不做，期望在时间临近时想出绝妙的创意。

同事说他临时突击的工作方式不合理，胡英杰反驳说有一位作家在参加全国作文大赛时，大部分时间都用来构思，任天马行空的想象在脑海里肆意奔腾，最后仅用半小时的时间便洋洋洒洒写完了上乘之作。同事说那是特殊情况，那位作家有写作天赋，是个奇才。胡英杰说我也很有天赋啊，不是故意拖着工作不做，而是火候未到，写策划案就像下厨烹饪，火候不对菜品的味道就不对。同事摇摇头，知道没办法改变胡英杰的想法，只好任由他任性了。

到了最后一天，时间流逝得飞快，胡英杰猛然觉得自己如果不能以光速工作真有可能完不成任务，他开始变得焦躁和纠结，仿佛听到无数个声音在向自己念紧箍咒，逼迫自己快点工作，他绞尽脑汁、奋笔疾书，紧张得险些呕吐，才勉强完成了工作任务，老板看过之后指出了不少漏洞，脸色不悦地说："小胡啊，你的工作做得很不到位，真是太令我失望了。"

有的人自信到了自负的地步，在别人辛苦工作时表现得悠哉乐哉，企图在最后一刻释放出巨大的能量，然后以令人惊叹的速度超越别人，享受加冕般的荣耀，这种想法本身就是不现实的。就算人在天资上存在差距，自己比别人聪颖，也不代表每次都能顺利闯关、凯旋得胜。在职场中，不少人都自诩为龟兔赛跑中的兔子，认为自己的速度和爆发力远远超过其他竞争对手，结果因为睡大觉、拖延着不肯跑而输给了乌龟。

为追求刺激而拖延，或许可以得到刺激，但却要承受别人难以想象的压力，换来的是劣质的工作成果，这显然是得不偿失的。

第四章

"战拖"要对自己狠一点，逼出雷厉风行的姿态

只有身处无路可退的境地时，你才能横下心来走上正确的道路。有时没有选择就是最好的选择，与其在万事俱备时，苦等迟迟不来的东风，还不如立即行动，一分钟也不拖延，在忙碌中解决问题要明智得多，当拖沓、空谈的恶习向你袭来时，不要给自己放纵的机会，而要以敏捷的行动、干练的作风，圆满完成工作任务。

不要给自己找任何借口，也不要被暂时的困难所迷惑，推诿和拖延都不能解决问题，而只会让局势雪上加霜，没有人生来就是强者，雷厉风行的姿态有时是被逼出来的。今天你不愿意狠下心来对抗拖延症，明天你就会为自己的软弱埋单。行动起来，改掉拖沓散漫的毛病，大声说出自己的"战拖"宣言，用实际行动来给拖延症一个有力的回击吧。

立即行动，别让惰性驾驭你

拖延在一定程度上反映了人类意志力的固有缺陷，其背后有更复杂和深层次的原因，比如恐惧和自我怀疑情绪、梦想和现实的巨大差距、对日常工作的厌倦……无论是什么原因引起的拖延，这种顽固的病态都表现出某种惰性行为。有了想法和目标后，我们并不想立即执行，并不是我们没有条件执行，而是被惰性绊住了脚步。我们总是在和惰性展开拉锯战，经常被惰性占了上风，迟迟不愿迈出行动的第一步。

要克服拖延的习惯，必须攻克惰性的堡垒，打败了身上的惰性也就等于"战拖"成功了一半。想做什么立即行动，一秒都不要拖延，不要犹豫徘徊、等待什么最佳时机，告诉自己此刻就是战斗打响的那一刻，不出击就会被惰性俘虏。

但凡在某个领域做出重大成就的人都是货真价实的行动派，他们不屈从于惰性，无论做什么事情都雷厉风行。比如高产作家威尔斯成功的秘诀就是有了灵感立即记下来，绝不让自己思想的火花稍纵即逝，即便到了深夜，只要大脑在电光石火的一瞬涌现出了灵感，他也不会因为想要睡觉而把将其诉诸笔端的工作拖到第二天，而会打开电灯，拿起放在床头的笔，马上记录灵感，然后才肯就寝。

伟大人物会因为及时行动而获益，普通人也会因为及时实践自己小小的想法而获得意想不到的收获。保险业务员曼利·史威兹有两大爱好——钓鱼和打猎，他喜欢带着钓竿和猎枪走进森林深处，有时一连在森林里待上好几天，尽管又脏又累，可是回家后却感到无比快活。钓鱼和打猎占用了他很多时间，每次离开宿营的湖边，即将投身到保险业务工作时，他都感到无限眷恋，在大自然中自由畅游的感觉是多么美好啊，他真不愿意抽身出来。

突然他的脑海里闪现出一个想法，在荒野里宿营和打猎的人也需要买保险，他清楚有不少人喜欢在森林中探险，那是一个庞大的潜在市场，如果他能把握机会，完全可以边狩猎边工作。阿拉斯加公司的员工、居住在铁路沿线的猎人和矿工都能成为他未来的客户。

曼利·史威兹说做就做，制订好计划后，一点时间也不愿耽搁，立即启程前往阿拉斯加，还沿着铁路步行，广泛接触沿线居民，人们送给他"步行的曼利"的称号。曼利·史威兹深受那些潜在客户的欢迎，他经常到他们家里做客，与其建立起了友好的关系。一年以后，他签下了大量的保单，销售业绩一路猛涨，获得了不菲的收入，与此同时，他还能继续在森林里钓鱼和打猎，工作生活两不误，过着人人羡慕的美好生活。

无论我们追求什么，总是要付出成本的，不愿付出行动，就会颗粒无收。"与其临渊羡鱼，不如退而结网"，不要羡慕别人，也不要把希望寄托在虚无缥缈的明天，从今天起，从此刻起，下定决心就一定要做到，把惰性牢牢踩在脚下。电视栏目、上网、聊天等都可以延后，该做的事情现在就动手做吧。惰性并不是不可战胜的，以下六个步骤就能助你成功克服惰性：

1. 不惧辛苦，享受用辛苦换来的愉悦成果

多数人拖延工作是为了规避辛苦的付出，毋庸置疑，大部分工作都不是轻松愉快的，但劳动的结晶都是甘美的。没有辛劳就没有收获，渴望成果就必须忍受这样的过程，工作不是休闲旅行，当然不能给你带来观光的快乐，可你却会因此收获更多。苦后的甘甜是无与伦比的，不知你是否有这样的体验：激烈运动后，感到口干舌燥，痛快地饮下透心凉的矿泉水，会以为自己喝到了世界上最甜最清凉的水。这种感觉就和辛苦工作之后得到休憩的感觉极为类似，那是一种快乐的体验，一种成就感油然而生，这时你会认为所有的付出都是值得的。

2. 锻炼自己的承受能力

每个人都有一定的承受能力，只不过拖延者的承受能力偏低，只要略微感到劳累或者不开心就想逃避，这是不可取的。承受能力不是恒久不变的，只要慢慢历练，承受能力差的人也能变得坚强起来。当然这不是一朝一夕能办到的事，需要循序渐进地进行，拖延者可以给自己制订详细的计划，有意识地锻炼自己的承受力，比如通过从事一些体力劳动磨炼自己的意志力，或者通过长途旅行来磨砺自己，使自己摆脱温室花朵的角色。

3. 关注细节，从小事做起

古语云："勿以恶小而为之，勿以善小而不为。"小事不仅能反映善恶的性质，还能折射出一个人的品格。不要以为小事拖拉对自己产生不了影响，在小事上养成了拖沓的习惯，对于大事也会毫无把握。无论需要做什么小事，立即着手行动，一分钟也不要拖延，养成果断行事的好习惯。

4. 学会优化工作，细化工作目标

跑马拉松的人都会有这样的体验：虽然终点似乎在遥不可及的地方，但如果把跑道分割成若干部分，每隔一段距离就是一个目标，每个目标似乎都近在咫尺，不知不觉就跑完了全程。如果一项工作太难了，在执行的过程中遇到了重重障碍，不要立即选择拖延或者放弃，而要学会重新安排和优化工作，把分量重的工作分割成若干个部分，一步步突破障碍，这样工作起来就会容易得多。

5. 不要做太多的计划，当机立断马上做事

计划再完美，情况发生变化了，也要时时做出调整，所以没有必要在计划上耽搁太多的时间，而应该把精力更多地投放到实际行动中，接到任务或是有了想法之后马上动手做事，不要再浪费时间。

6. 不要追求完美，勇敢迈出第一步

有的拖延者一定要等到时机完全成熟、自身达到最好的状态才

愿意行动，这样一来时间都白白浪费了，最佳时机、最理想的状态是等不来的，只有勇于迈开第一步，才能不断调整自己的状态，寻找有利的机会。好的开始是成功的一半，没有开始一切都是枉然，空等不能给你带来任何变化，先行动起来，你的人生才可能出现转机。

扛起责任的大旗，向拖延发起挑战

拖延者认为责任太沉重了，扛着责任的大旗上路一点也不轻松，更走不出潇洒的风姿，为了让自己步履轻盈，活得更快乐、更洒脱，他们卸下了责任的重负，把履行职责的事情暂时抛到了脑后，工作便被搁置或延后了。

作为社会人，每个人都有自己的责任，我们有供养家庭的义务，也有为社会创造价值的义务，脱离了责任，我们就会成为自私自利的人。拖延侵蚀了我们的责任感，使我们的生命变得空泛，改不了拖沓的恶习，我们的生命就永远都没有分量。从另一个角度来说，责任感缺失是导致我们深陷拖延泥潭的一个重要因素，因此找回丢失的责任感是我们击败拖延症，打开胜利大门的金钥匙。

在一个飘雪的夜晚，约翰·格林中士急匆匆地往家赶，天气很恶劣，他不想在冷风中多停留一分钟。走过公园时，有人拦住了他："对不起先生，请问您是军人吗？"这个人好像有事相求，一副焦急的样子，约翰·格林问："是的，请问有什么事需要我效劳吗？"

"我在经过公园时，碰到一个男孩在哭，我问他天这么黑、这么冷，为什么不回家，他说自己是名正在执勤站岗的士兵，没有接到命令就不能擅离职守。他不清楚其他站岗的男孩都去哪儿了，可能回家了，想起只有他一个人坚守在这里，心里有点难过。我几次劝他回家，他都不听，所以才想请先生帮忙。""噢，原来是这样。"约翰·格林听清了事情的原委后就和那个人一起去找男孩。

男孩待在公园一处并不显眼的角落里，还没有停止哭泣，像尊石像一样站在那里纹丝不动，大雪飘落在他身上，他仿佛浑然不觉。约翰·格林蹴步走了过去，向他敬了一个军礼，问："下士先生，我是约翰·格林中士，请问你为什么站在这里？"

男孩停止了哭泣，声音响亮地回答说："报告中士先生，我在奉命站岗。"约翰·格林又问："雪下得这么大，天又冷又黑，你怎么不回家？"男孩回答道："报告中士先生，这是我作为一名士兵的职责，没有得到命令我不能离开。""好吧，我是中士，我命令你现在马上回家。"约翰·格林望着这个倔强的男孩心中微微升起了一丝敬意。

"是，中士先生。"男孩得到命令后很高兴，向约翰·格林敬了一个军礼之后就离开了。约翰·格林和求自己帮忙的那个陌生人对视了很长时间，那个忠于职守的稚嫩男孩让他们感慨良多，良久，约翰·格林才说道："他值得我们学习。"

虽然我们在社会生活中扮演着不同的角色，可是无论担任何种职务，我们都应该履行自己的责任，做好本职工作。故事中的男孩能在寒冷的雪夜里坚守自己的岗位，这种尽职尽责的精神是多么可贵啊！反观我们自己，是不是经常疏于职守，把责任感抛到了九霄云外了呢？回顾一下你拖延工作的过程，是不是常常偷偷开小差，在办公室做了很多跟工作毫不相干的事情，比如闲聊，没完没了地煲电话粥，时间在无形中被消磨掉了，到了快下班时才猛然发现工作只做了那么一点点，拖延的坏习惯就是这样养成的。要纠正拖延的毛病，必须提升自身的责任感，可以从以下几方面做起：

1. 严格要求自己，不要轻易满足

有的人常把工作拖到最后时刻去做，每次草草完工都感到分外满足，觉得自己做得已经足够好了。因为只求速度不在乎质量，只求结果不看重过程，总是一味满足现状，才导致拖延症在自己的工作和生活中泛滥成灾。如果提高对自己的要求，就会以负责的态度来对待工作，拖延的次数必然会逐渐减少。

2. 把公司的事当成自己的事

责任感匮乏的人，过于看重自身的利益，不把公司的事放在心上，觉得付出太多自己会吃亏，不能按时完成工作任务损害的是公司的利益，自己并没有什么损失，这种想法其实是聪明反被聪明误。公司的利益和个人的利益虽然有时是不一致的，但从整体来看，两者是捆绑在一起的，公司的利益受到侵犯，个人的利益也难以保全，不认真工作、执行力差、做事拖沓固然损害了公司的利益，其实个人的损失更大，因为这样一来就失去了获得晋升、实现更高价值的机会。

3. 在无人监督的情况下，保持自己的本色

我们经常可以看到有些人在上司监管时才能安心工作，在没有人监督的情况下立即换上了慵懒的面孔，工作起来漫不经心，把繁重的工作一再压后或者干脆推诿给别人。这种工作态度是极其错误的，一名称职的员工，应该有较强的自我控制和自我管理能力，无论是否有人监督，都能全心全意地工作，坚守自己的本职工作。

4. 时刻反省自己，不断改进工作

有的拖延者已经清醒地认识到自己的工作方式出现了严重问题，但从来不懂得反省，而且任由自己拖延下去。我们不否认改变的过程是痛苦的，可是不经历破茧成蝶的蜕变，永远都不能进步和成长，改变是我们走向成熟的必经之路，作为拖延者，我们必须在深刻反思以后，果断地改正自己的缺陷，进而改进我们的工作。

5. 拒绝浮躁，脚踏实地地做事

不要相信什么速成的神话，任何速成的东西都没有坚实的根基，永远比不上在自然状态下生成的事物，比如速溶咖啡比不上精心研

磨的黑咖啡香醇，一夜积累的财富更容易在一夜之间失去，临时抱佛脚完成的工作含金量通常偏低，在冲刺阶段完成高品质的工作概率太低，只有脚踏实地、踏踏实实地工作才能把本职工作做好，不要企图和自然规律打赌，因为输的一定会是你。

勿做职场木头人，让自己动起来

接到新的工作任务时，不同的人有不同的表现：有的人不是心甘情愿地接受任务，自然不可能尽心竭力地把工作做到最好，故意拖拖拉拉地耽误时间，到了后期就敷衍了事；有的人把手头的工作无限期地拖延，被催促了多次之后，才肯勉强着手动工，工作标准一降再降，最后呈交上来的却是一份令人头痛的职场答卷。

这些爱拖拉的人都属于被动工作的一类人，从他们空洞的眼神、慢腾腾的动作当中便可以窥见他们的心理状态，他们的心思根本就不在工作上，脑海里可能想着给宠物狗美容的事，也可能惦记着丰盛的晚餐，还可能计划着周末到电影院里观看一部最新上映的大片。这些"身在曹营心在汉"的拖延者，精神游离于躯体之外，在不受到外界逼迫和刺激的情况下，很难开展日常工作，更不可能积极主动地承担更多的工作。

被动和低效如影随形，而积极主动是高效能人士必备的素质之一，没有任何一家公司会去提拔一个整天无精打采、不驱动就运转不了的职员，所以广大拖延者们，命运掌握在自己手中，激活自己的兴奋细胞，让自己动起来吧，不要做推一下动一下的机器人，改掉心不在焉的毛病，用信念托举起自己的未来吧。

杨欣大学毕业后到一家颇有名气的广告公司应聘，竞争对手超过了 1000 名，招聘方安排了笔试、面试等环节，通过设置层层考验来选拔人才。杨欣一路过关斩将，获得了参加淘汰考试的机会。淘汰考试是这样安排的，公司要求应聘者上岗，试用期为三天，到时会根据他们的表现来决定是否录用。

这轮考试只剩下杨欣和另外一名应聘者，两人都被安排到了企划部。部门主管见到他们时，礼貌地对他们笑了笑，没有给他们分配任何工作任务。两人感到非常困惑，一时不知做什么好。一上午的时间就这样过去了，杨欣开始观察忙碌的同事在做什么，并主动向他们请教工作的内容，大致了解了工作流程。另一名应聘者则什么也没做，一会儿盯着窗外看，一会儿出神地发呆，好像若有所思。

到了下午，杨欣已经可以参与公司的工作了，他主动要求辅助公司员工做策划，虚心向他人求教。而另一位应聘者还坐在椅子上无聊地翻看报纸，不时浏览一下网页，一直等上级给自己分配工作任务。第二天，杨欣已经辅助同事完成了一份创意十足的策划案，还阅读了好几册有关广告企划的书籍。另一名应聘者还是在到处问："领导什么时候给我们分配任务，我们到底需要做些什么？"得不到答复后，仍旧上网、看报纸、发呆。

到了试岗的最后一天，也就是第三天，杨欣主动要求独自拟写一份广告策划案，而另一名应聘者还是坐着空等，直到试用期结束也没有做过一件事情。公司对杨欣的表现分外满意，认为他做事积极主动，具有独立思考和办事的能力，这些品质是很多年轻人所不具备的，鼓励他日后好好努力工作，将来前途不可限量。当然，杨欣毫无悬念地得到了心仪的工作，另一位应聘者则被淘汰了。

一个人可以没有经验、没有资历，却不能没有精神，精神是行动的原动力，是人积极奋进的催化剂，杨欣能从千余名竞争者中脱颖而出，并最终战胜了与自己实力相当的竞争对手，凭借的不是超凡的能力和过人的智慧，而是积极主动的精神。工作积极主动的人通常没有办事拖拉的习惯，因此可以说培养自己主动工作、积极上进的精神有助于克服拖延症，那么我们应该如何培养积极主动的精神呢?

1. 远离被动做事的习惯，从一点一滴做起

要让一个做事拖沓的人立即脱胎换骨，变成一个积极主动的优秀工作者，是很不现实的。改变自己的固有习惯是一个缓慢的过程，需要从点点滴滴做起。无论大事还是小事，都不要让自己陷入被动的状态，用一腔热忱和满腔热血来点燃自己的激情，主动参与工作，高效地把握分分秒秒，决不把该立即去做的事向后拖延。

2. 用语言有意识地训练自己的主动思维

消极被动的人，在日常的言语中就暴露出了拖拉成性以及爱推卸责任的个性。比如，他们经常说:"这不是我的错，我没有时间承担额外的工作。""我不是有意拖延工作的，是领导没有把工作交代清楚。"或者说:"我就是个爱拖延的人，我已经尽力改正了，可是确实改不掉这个毛病。"总之，他们的意思是自己已经尽到最大的努力了，已经没有改善和提高自己的可能性了。

积极主动的人的语言特征则与之完全相反，他们经常会说:"我可以试试其他方法""我相信我可以做好这件事""我打算……""我决定……""我选择……"总之他们致力于改变，而不是表达无能为力的情感，所以要学会用他们的讲话方式来武装自己，不要推卸责任，多给自己一些改变的空间，潜移默化地移除自己的被动思维，培养自己的主动思维。

3. 积极尝试，不要轻易说"我做不到"

按部就班、故步自封的工作方式会让人麻木，进而变得被动，想要打破这种局面，就必须积极探索新方法，遇到问题时不要消极等待，轻易说做不到，而要积极思考，想想有没有其他的解决方案。不要找借口说自己别无选择或者时间不充足，这些借口都是自欺欺人的谎话，每个人都有选择的权利，而时间是海绵里的水可以随时挤出来，停止这些自我欺骗的谎言，积极尝试、积极开拓，无论结

果如何你都迈出了极为关键的一步，远离了拖延和被动。

4. 主动承担少量的额外工作

不要以为自己只要把分内的工作做完就可以了，而对公司的其他需要无动于衷，因为持此种观念的人通常情况下连自己分内的工作也不愿尽职尽责地完成。拖沓成性的人，不适合承担大量与本职工作无关的额外工作，但可以主动接受少量额外的工作任务，以此改变自己被动的性格，使自己的精神面貌焕然一新。

不找借口，甩掉拖延的长尾巴

在日常工作中，拖延者总有各种各样的理由和借口为自己开脱，比如迟到时的说辞是："今天下起了大雨，路况很糟。"在没有按时完成工作时，仍振振有词地说："我没有足够的时间，公司布置的工作任务太繁重。""我并没有受过相关训练，对这份新工作很不适应。"客户打电话要求交涉时则不耐烦地说："现在是休息时间，半个小时后你再打电话吧。"

每一个借口的背后都隐藏着逃避困难和责任的潜台词，意思是出了问题不是自己的错，是不可抗力或其他客观原因造成的，抑或问题出在别人身上，自己是无辜的受害者，不该承担任何罪责。不思进取的人最爱找借口，他们千方百计地让自己置身事外，试图让恶劣的天气、不可预知的特殊情况成为自己拖延行为的托词，有时还会拿别人充当替罪羔羊。

借口可以让拖延者暂时获得某些心理慰藉，但付出的代价却是无比高昂的，它给自己和他人带来的伤害绝不比任何恶习少，它使人在诋毁别人的同时也毁掉了自己的敬业精神。凡是在第一时间寻找借口推诿的人都难成大器，任何一位成大事者都不会找借口拖延工作。"经营之神"松下幸之助之所以能缔造电器王国，一个最为关键的原因便是他从不允许自己和企业员工为工作中出现的失误寻找任何借口，使得松下集团自上而下形成一股勇于承担责任的正气，促使松下电器跻身于日本精英企业之列。

西点军校军纪严明，在世界上享有很高的声誉，自建校以来它培养了无数优秀的军事人才和杰出的商业精英，培养的工商界领袖比哈佛大学都要多。在西点军校，长期保留着一个悠久的传统，军官问话，士兵只能做出三种简洁的回答，"报告长官，是""报告长官，不是""报告长官，没有任何借口"。除此之外，不可以多说一个字。无条件完美执行、没有任何借口是西点军校奉行的一条铁律，每位学员在执行任务时都不能为自己寻找任何理由，必须百分之百地完成任务。

毕业于西点军校的马尔·纳尔逊·布莱德雷曾经说过："习惯性拖延的人常常也是制造诸多借口与托词的专家。如果你存心拖延、逃避，你自己就会找出成千上万个理由来辩解为什么不能够把事情完成。"西点军校正是把"不找借口"奉为重要的行为准则，才打造出了强大的执行力，使得西点精神生生不息，令西点军校成为培养卓越人才的基地。

"没有任何借口"看似代表军人风范，其实适用于各行各业。1999年盛夏，美国洛杉矶持续高温，有时气温高达40多度，整座城热得仿佛就要融化掉了，路上行人很少，人们大多躲在室内吹冷气。一天一名运输公司的驾驶员由于工作疏忽，多运了一箱洗衣机的零部件，货物已运往洛杉矶，这件事本来不会对公司造成恶劣影响，日后把零部件运回来就行了，可是美国海尔贸易有限公司零部件经理，却坚持要当天就把多余的零部件调回，他的解释是当天的事情就该当天做好，不能把工作往后拖，于是亲自顶着炎炎烈日把那箱零部件调了回来。

无独有偶，美孚石油公司董事会主席兼总裁李·雷蒙德也把

"不找借口、决不拖延"当成自己的人生信条，他的这一信条成为整个公司一直践行的理念，也依托这样的理念，公司的所有成员得到指令后立即展开行动，不找任何借口拖延，以高效超越了竞争对手，永远走在竞争对手前面，使美孚石油公司一跃成了全球利润最高的公司之一。

找借口拖延是一个很不好的习惯，一旦你习惯了把借口当成避风港和挡箭牌，工作起来就会越来越拖沓、越来越没有效率，那些看似合理的借口，就算能获得他人的同情，也不能将自己的过失彻底掩盖。工作中和生活中的失败大多与找借口拖延有着千丝万缕的关系，尤其是在危急关头，延误一分一秒，就可能使自己前功尽弃，落得满盘皆输的下场。拒绝任何借口才能拒绝拖延，才能使自己将全部心血倾洒在事业中，从而做出一番成就，那么我们该如何杜绝借口呢？

1. 了解哪些借口是自己可以掌控的

有些借口是完全可以掌控的，因为它们是流于表面的谎言，可能只有自己是真正的知情人，比如早上上班迟到是因为晚上看电视熬夜起床晚了，而不是什么交通堵塞或天气原因，如果想杜绝这样的借口，早睡早起不迟到就可以了。总之，拆穿自己编造的谎言，改变自己不合理的工作和生活方式，提升自身的自控能力，降低拖延的概率，便不需要频繁为自己的拖延来寻找借口了。

2. 分析自己找借口的原因，对症下药消灭借口

找借口既有表面的原因，又有深层次的心理原因。比如不想承担责任，害怕受到责怪和惩罚，或者极为不自信，为自己打退堂鼓找理由。只有从源头上了解借口产生的成因，才能对症下药消灭它。除无民事行为能力和限制民事行为能力的人之外，所有人都应该为自己的行为负责，不该把自己的失误推给别人或者归咎于其他因素，主动承认错误和弥补过失才能得到他人的谅解和自身的心安。如果

没有信心及时完成工作任务也不要为自己的拖延找借口，而要想方设法提高自己的工作效率。

3. 深入思考找借口会对自己的人生产生消极影响，主动远离借口

狼在捕猎时，会遇到很多凶猛猎物的拼死抵抗，比如强健的野马奋力一踢就能使狼当场毙命。可是没有一匹狼会因为惧怕危险而拖延向猎物进攻的时间，因为它们明白延误了时机，它们就会挨饿，长此以往，就会被大自然无情淘汰。所以无论跑多远，消耗多少体力，冒多大的风险，它们都选择迅速出击，不捕获目标猎物决不罢休，因此它们才进化成了自然界最勇猛的强者。

我们知道时间是比财富还要宝贵的资源，谁能在最短的时间里创造最大的价值，谁就能赢得先机，做事高效的人往往都是赢家，而找借口一再拖延的人，则会虚度年华，永远被甩在竞争对手之后，沦为可悲的失败者。人类社会和自然界一样，同样遵循着优胜劣汰的法则，不把自己训练成像狼一样的强者，就会被悲惨地驱逐出局。有位哲学家曾经这样阐述过昨天、今天、明天的关系，他说："昨天是一张过期作废的支票，今天是可以流通的现金，明天是一张尚未兑现的期票。"显然把握今天比回顾昨天和寄望于明天更重要，拖延者荒废了无数个今天，却希望明天的期票能够兑现，这是不现实的，这就好比狼群每一个今天都不狩猎，却希望未来能吃到肥美的猎物一样，结果是可想而知的。当你真正理解了找借口拖延毁人于无形的道理之后，就会主动远离借口，人皆有趋利避害的本能，逃避伤害不是拥抱借口，而是彻底与借口划清界限，积极地把握生命中的分分秒秒。

没有过不去的"火焰山"，方法总比困难多

每个人都会遇到难题，甚至遭遇挫败，没有人可以永远一帆风顺，也没有人可以一马平川地走完人生旅程，风风雨雨总是难免的，痛苦、挫折、坎坷、崎岖都是我们前进道路上必然要经历的，只是面对困境时不同的人有不同的选择。有的人会选择停下脚步，用拖延来回避所有的问题，而有的人却选择毅然前行，积极寻找解决问题的办法，然后踏着激流、越过险滩，笑看风雨之后的彩虹，享受胜利的喜悦。

俗话说：世上没有过不去的"火焰山"，方法总比困难多。对于一个有决心有意志力的人来说，世上没有征服不了的险峰，脚下没有跨越不了的障碍，只要有耐力、有恒心，就没有什么能阻挡自己前进的步伐。拖延是软弱的表现，坚强的人可以傲视一切困难，绝不会因为遇到一点打击就选择止步不前。

詹妮芙·帕克是美国赫赫有名的律师，她的职业生涯也不是一帆风顺的，她曾被资深律师马格雷先生愚弄，可是这种经历并没有把她打垮，反而使她成了名震全国的知名律师。

事情的经过大致是这样的，有位叫妮可的年轻女孩遭遇了可怕的车祸，虽然司机踩了刹车，可是妮可还是被卷入了卡车下，在碾压之下她的骨盆当场被碾碎，经抢救后虽然保住了性命却被迫做了截肢手术，失去了四肢。有人认为车祸是卡车失灵造成的，该卡车是美国一家著名汽车公司出产的，所以汽车公司需要承担法律责任。警方介入调查后，妮可说自己当时意识不清，不知道是自己从冰上滑倒滑进卡车下还是被卷入车底的，对此马格雷先生找到了帮助汽车公司脱罪的理由，巧妙地利用被害人的证词推翻了好几名目击者的证词，妮可几乎没有希望打赢这场官司。

随后妮可请求詹妮芙·帕克调查此案，詹妮芙·帕克答应帮助这个可怜无助的女孩，经过一系列的调查，她发现涉案的汽车公司5年来出现了15次车祸。她详细调查了所有车祸的过程，终于发现了车祸频发的原因，原来卡车的制动系统存在严重缺陷，在急刹车的状态下，车子后部会突然打转，把撞倒的人迅速卷进车底。

詹妮芙·帕克向马格雷摊牌说："你有意隐瞒了卡车制动装置的问题，我已经调查清楚了车祸的原因，汽车公司必须赔偿妮可200万美元，如果拒绝赔付，我们就提出控告。"狡猾的马格雷当然不甘心让汽车公司赔偿，于是便说："好吧，不过我现在还不能马上让汽车公司做出赔偿，我明天要去伦敦处理要事，至少要在那里待上一个星期的时间，等我回来后我们再商谈赔付问题。"

一个星期过去了，詹妮芙·帕克仍不见马格雷的踪影，她觉得自己被戏耍了，可是马格雷为什么要撒这样的谎呢？她正百思不得其解时，目光无意地落到了日历上，原来他想拖延时间，诉讼时效已经到期了。詹妮芙·帕克立即给马格雷打了一通电话，马格雷毫不掩饰自己的卑劣，得意地笑道："诉讼时效今天就过期了，你不能控告汽车公司了，希望你能吸取教训，以后变得聪明点。"

詹妮芙·帕克无比恼火，但是她马上克制住了自己的情绪，询问秘书准备案卷需要多长时间。秘书如实回答道："至少需要三四个小时，就算我们能火速草拟好文件，然后找一家律师事务所草拟一份新文件，交到法院也来不及了。"詹妮芙·帕克知道再怎么抢时间也没有用了，急得不停地在屋里踱步，她知道自己绝不能放弃，无论如何也要替那名可怜的女孩讨回公道，忽然她的思绪豁然开朗，这家汽车公司分公司遍布美国各地，她完全可以转为起诉西部的分公司，相差一个时区就等于相差一小时，这样就可以争取到有利的时机。

最后詹妮芙·帕克把起诉地点西移到了与纽约相差5个时区的

夏威夷，因为争取到了 5 个小时的时间，案件得以正常审理，詹妮芙·帕克在法庭上义正词严地为妮可争取权益，以事实为论据，用感人肺腑的语言打动了陪审团，最终赢得了胜诉，受害人妮可获得了应有的赔偿。

詹妮芙·帕克的故事告诉我们：世上没有解决不了的困难，即使在毫无胜算的情况下事情也有可能出现转机。在最后的紧急关头，詹妮芙·帕克没有因为时间短促而放弃官司，更没有因为遇到了棘手的问题而向困难投降，而是拼尽了最后的力气为自己赢得了一线生机，最终挫败了马格雷的阴谋，帮助受害人争取到了权益。

很多时候我们认为困难是不可战胜的，遇到难题就想偃旗息鼓，一味把事情无限期压后处理，不是因为我们真正遇到了不可逾越的障碍，而是因为我们没有尽到最大努力去寻找解决的办法。拖延不能改变什么，问题不会自动消除，所谓"世上无难事，只怕有心人"，只要我们足够用心，愿意倾尽自己全部的精力和热血，任何难题都有可能迎刃而解。道理很浅显，可是很多人都无法做到这一点。那么在困难面前，我们该如何使自己放弃拖延策略，积极寻找解决办法呢？

1. 相信一切皆有可能

不要在一遇到问题时，就立即皱眉道："怎么可能？"如果你在思想上已经被困难吓住了，觉得做什么事都不能挽回局势，就不可能费心寻找解决之道，更不可能采取对自己有利的行动了。束缚你的往往不是困难本身，而是你自己身上的怯懦和犹疑，无论你把事情拖多久，它都不可能自行解决。要相信一切皆有可能，这种信念是你战胜困难的前提，只有你把"怎么可能"变成"怎样才能"时，方法才能浮出水面，奇迹才有可能发生。

2. 打破常规，用创新的方法解决问题

不少人有这样的误解，以为创新是天才们的专利，平凡的自己不可能具备创新的天赋，这完全是妄自菲薄。普通人的大脑同样具有创造性思维，工业革命的兴起就是最好的说明，平凡的工人发明了劳动生产率更高的机械，掀起了一场伟大的变革，这足以说明创新思维对普通人而言并不是高不可攀、神秘莫测的，只要你开动脑筋、细心观察、积极探索，就能开辟出一条全新的路径来。

不要总是墨守成规，而要学会用新思路新方法来解决问题。爱因斯坦曾经说过："人是靠大脑解决一切问题的。"培养创新思维，必须解放我们的大脑，让我们的思维突破所有的局限，涌现出有价值的奇思妙想，从而使陷于困局的我们找到真正的出口。

3. 尝试两种以上的解决方案

所谓"条条大路通罗马"，遇到难题时我们要学会灵活变通，不能只沿着常规路径行走，更不能一旦碰壁就靠拖延时间来缓解情绪，而要绞尽脑汁来思考解决之道。在读书时代，我们经常用两种以上的方法来解题，在工作时我们同样可以运用不同的方法来达到殊途同归的目的。至少为自己准备两套备选方案来尝试，然后用实践来验证它们的可行性。

4. 不要停止行动，要在具体的行动中探索出路

拖延者往往认为只有知道具体怎样做才能采取行动，否则就一直拖延下去，甚至认为拖延是一种最保险的策略。这种想法是十分错误的，事情越往后拖可能变得越复杂，着手解决起来阻力会更大。屈原说："路漫漫其修远兮，吾将上下而求索。"在没有经验可借鉴的情况下，我们只能摸着石头过河，艰难求索是唯一的选择，所谓"实践出真知"，在实践中我们必然能摸索出一条光明的出路来，而无休止地拖延和等待只会把我们抛掷在永恒的黑暗中，因此我们不要期待在万事俱备时再开展行动，而要在行动中探明方向。

平凡的人生也能焕发耀眼的光芒

人对自己喜欢的事物都是心驰神往的，只有对自己不喜欢的事情才会选择逃避和拖延。拖延在很多时候暴露的是心理上的厌倦情绪，当你面对不想去做的工作时第一反应就是拖延，拖延得越久，拖延的次数越多，你对这项工作的厌恶越深，由此陷入"厌恶—拖延—更深的厌恶"的恶性循环。

在现实生活中，能做到干一行爱一行的人并不多，我们总会因为这样或那样的原因厌恶我们所从事的工作，如果不是需要靠自己的劳动去换面包，恐怕有不少人会把摆脱工作当成某种意义上的解放。我们为什么会讨厌自己的工作呢？因为它没能帮助我们实现理想和价值；因为它枯燥乏味，平凡得不值一提；因为我们渴望拥有轰轰烈烈的事业，可是苦苦奋斗数年却仍是一名无足轻重的无名小卒。

拖延者认为工作就像白开水，寡然无味，与其把生命的热情都消耗在没有趣味的工作上，还不如多花些时间做点既能娱乐自己又有挑战性的事情。一个简简单单的想法，抹杀了平凡工作的所有意义。其实万事万物都是有价值的，哲学大师黑格尔说："存在即合理"。人尽其才、物尽其用才是理想社会的模式。工作没有高低之分，无论你的工作多么平凡，也能为社会贡献一份光和热，平凡的岗位上一样能做出不平凡的成绩，平凡的人生也能焕发耀眼的光芒。

弗雷德是一位普通得不能再普通的邮差，他一生都没有做过什么惊天动地的大事，而只是忙于为小区的住户收邮件和送邮件。他是千千万万邮差中的一员，相貌平庸，没有什么特殊的才华，也没有任何出奇之处，然而他却从未觉得自己卑微，也不曾贬低过邮差的工作价值，一直都在兢兢业业地工作。

弗雷德服务的小区住着一名叫桑布恩的职业演说家。由于工作原因，桑布恩一年之中有160～200天都在出差。弗雷德向桑布恩要了一份全年行程表，桑布恩不了解其中的缘由，弗雷德解释说："您外出时，我可以为您暂时保管私人信件，等您回家后我再把信件交还给您。"桑布恩之前从没有见到过这样的邮差，觉得这项提议多此一举，心里的疑惑并未消除，就说："不用麻烦了，你直接把信件放进信筒，我回家后自己会取。"

弗雷德说："窃贼会通过查看住户信箱的方式来判断住户是否在家，如果他们看到信箱是满的，就表明主人外出了，这时他们便会潜进主人家里行窃。"桑布恩还是略有迟疑，弗雷德于是想出了一个无可挑剔的主意："不如这样吧，假如邮箱盖子还能合上，我就把您的信件投到里面，如果邮箱满了，我就把其他信件塞到房门和铁闸门之间，如果那里也塞满了，我就把余下的信件暂时保管起来，等您回来再送过来。"桑布恩觉得弗雷德的说法合情合理，于是同意了他的建议。

两个星期之后，桑布恩从外地回来了，他看到门口的擦鞋垫莫名出现在了门廊里，下面似乎还盖着东西。擦鞋垫下有一张字条，桑布恩看完之后才弄清了事情的来龙去脉。原来在他外出时，美国联合快递公司的工作人员误把属于他的包裹送到了别人家里，弗雷德得知此事后，把包裹送回到了他的住处，并用擦鞋垫把包裹遮住，避免被其他人盗走。

弗雷德的敬业故事不胜枚举，他虽然只是一名平凡的邮差，既没有傲人的财富，也没有英俊的容貌，可是却以体贴入微的服务感染了每一位客户，改变了千千万万美国人的观念，以实际行动证明了普通人也能有所作为的理念，成为无数劳动者心目中的楷模。

弗雷德的故事告诉我们，原本枯燥乏味、毫无乐趣的工作，一旦投入了真诚和热情，就能被赋予新的意义。世上没有卑微的工作，只有卑微的人，无论你身处哪个工作岗位，只要恪尽职守、乐于全心全意地付出，用艺术家的热情和梦想家的执着来对待工作，就能从平庸的泥沼中挣脱，不再有拖延的想法，即使每天把所有的时间和精力都投放到工作上，也不会有辛苦劳碌的感觉，由厌恶本职工作引发的拖延行为将彻底成为过去。那么对于对本职工作具有强烈抵触情绪的拖延者来说，应该怎样做才能在平凡的工作中找到乐趣呢？

1. 在平凡的岗位上做出成就，激发自己的成就感

海尔集团的首席执行官张瑞敏曾经说过："什么是不简单？把每一件简单的事情做好就是不简单。什么是不平凡？把每一件平凡的事情做好就是不平凡。"意思是把一份简单、平凡的工作做到极致，一样可以得到社会的认可。这并不是一种理想主义情怀，而是一种实实在在的现实。无论在国内还是国外，那些在平凡的工作岗位上做出了不起成就的工作者都是被广为尊重和称颂的。

水电维修工徐虎十几年如一日，无论严寒酷暑、刮风下雨始终奔忙在工作第一线，每天他骑着自行车、背着工具包为无数的用户解决了生活困难，即使在节假日也不休息，被居民誉为"晚上19点钟的太阳"。徐虎的工作很平凡，工作内容也很简单，可是他却在平凡的工作中做出了不平凡的成绩，成为我国家喻户晓的劳动模范。这足以说明在平凡的工作中同样可以找到乐趣和使命感，一样可以实现自己的人生价值。

2. 从平凡的工作中找到意义

人做任何事情都需要赋予其意义，这是人的天性，没有人愿意在毫无意义的事情上空耗时间。放眼大千世界，只要用心体会，每份工作都是有意义的，建筑工人建造的不仅是摩天大厦，还是一项了不起的工程；图书管理员的工作虽然技术含量不高，只是负责整理书籍和为读者做借阅登记，但是却通过周到的服务方便了读者阅

读；教师不像明星企业家那样受人崇拜，可是一位在讲台上奉献了几十年的老师，可谓是桃李满天下，为国家和社会培养了无数人才，谁又能否认他们的价值呢？不要把工作单纯地看作一种谋生手段或者是获取社会地位的工具，工作无贵贱，只要你愿意为之付出，就能从任何一项工作中挖掘出乐趣，并在这个领域里获得成就。

3. 调整心态，让自己爱上现在的工作

兴趣可以是与生俱来的，也可以通过后天培养，乐趣也是如此。不要总是皱起眉头、喋喋不休地抱怨自己所做的工作有多么无聊，你是否能从工作中寻找到乐趣，并不取决于你在直觉上是否喜欢它，而是取决于你的心态。你对世界的感知主要取决于心境，心境变了，你的感觉也会相应发生变化，所谓的"境由心生"说的便是这个道理。

不可否认的是，现实往往不能如我们所愿，不是所有的人都能得到梦想中的工作，那么得不到自己心仪的工作是否就有足够的理由去拖延或者逃避呢？答案当然是否定的，不要再抱怨人生的不如意，试着改变心态，接纳目前的工作，然后慢慢爱上它，你会看到不一样的风景。

4. 让自己通过忙碌充实起来

拖延工作的结果就是让大量时间闲置或者把时间浪费在无意义的事情上，这样做都会让人进入空虚和麻木的状态中，只有忙碌才能让生命变得充实。任何一个无所事事的人都有可能发出人生虚无的感慨，其实虚无是人为制造出来的，如果你想拒绝它，方法极其简单，那就是不要拖延和浪费一刻钟，扎扎实实地投身于工作中，在忙碌的状态下找到高效的快感。一旦你真正忙得不亦乐乎，就不会再对工作的性质斤斤计较，日后在平凡的岗位上也能搏出属于自己的精彩。

破釜沉舟才能背水一战

人生就像一列呼啸行驶的火车，你站在车头俯瞰天下，绵延的车轨仿佛延伸到无限，可是它是单行线，只允许你前进，不许你后退。不要在出发前总给自己留后路，说什么此时不踏上列车，人生还有多种选择，现在时间还充裕得很。拖延者更需要有一种斩钉截铁的态度，有了计划就去行动，拿出破釜沉舟的勇气，燃烧生命的热情，以昂扬的斗志完成自己的人生使命。

给自己留退路就等于纵容自己逃避，一个常把"退路"挂在嘴边的人，随时都有可能懈怠，当别人都以加速度赶超时代的时候，你还是想多歇一会儿，做什么事情都慢三拍，掉队之后还用事先为自己安排好的"退路"来自我安慰，这样显然不能做成任何事。我们不否认人是情感动物，也是欲望动物，有时会身心疲累，有时会感到痛苦和彷徨，有时抵御不住世俗的诱惑，所以败给拖延症，事业半途而废的人比比皆是。

不要给人生留有退路，岔路越多歧路越多，我们只有义无反顾地前进，心无旁骛地投入到自己正做的事情之中才能有所收获，才能绽放出生命的光彩。希尔提出过"过桥抽板"的理念，意味着不给自己走回头路的机会，但凡有所成就的人必然沉稳、干练、勇敢、果断，绝不会在行动前为自己想好退路，他们不会像拖延者那样因为心存疑虑而放慢脚步。

古希腊演说家戴摩西尼年轻时曾苦练口才，为了提升自己的演说水平和感染力，他杜绝了外界一切的干扰，躲在地下室里一遍一遍练习。地下室里只有他一个人的声音，每天形单影只，他感到分外孤独寂寞，很想到外面散步，看看络绎不绝的人群，感受一下热闹非凡的场面，心总是静不下来，练习毫无成效。为了断绝自己想外出的念头，他狠下心来挥刀把头发剃去了一半，给自己理了一个"阴阳头"。如此一来，因为羞于见人，他彻底打消了外出的念头，全力以赴地练习口才，甚至好几个月都足不出户，演说水平有了很大的提高，后来成为举世闻名的演说家。

大文学家雨果为了一心一意地完成《巴黎圣母院》的巨著，切断自己后路的做法和戴摩西尼有诸多类似之处。当年雨果和出版商签订了有关《巴黎圣母院》的合约，合约规定雨果必须在一年后完成作品，时限很快到了，雨果却没有写完，无奈，出版商又给了他5个月时间，假如他还是不能按时完成作品，就要根据合同规定赔偿损失。

为了把全部的时间和精力都投放到写作上，雨果想出了一个绝招，他用一件灰色的毛衣包裹好自己，将所有出门穿的衣服都锁进了柜子，然后把钥匙扔进了湖里。由于没有合适的衣服可穿，他不能外出会友和游玩，切断了后路之后，他开始专心写书，终于在规定的时间内顺利脱稿，完成了享誉文坛的文学巨著。

可见，不给自己留退路，更能激发自己背水一战的斗志，使自己专心致志地投身于工作，收获意想不到的成果。人，往往会在漫长的等待和没有期限的拖延中消磨了意志，就像温水中的青蛙一样对逐渐升高的温度毫无察觉，最终丧失了奋力一搏的能力。那么我们该怎么做才能彻底切断自己的后路呢？

1. 向别人公布自己的决心

徐悲鸿赴法留学研习绘画时，有个外国同学非常看不起中国人，出言不逊，说中国人蠢笨可笑，徐悲鸿十分气愤，他对那位傲慢自大的同学说："有本事，我们到毕业时比试一番。"因为在大庭广众之下下了战书，徐悲鸿没有任何退路了，他必须用自己的绘画技艺征服鄙视中国的法国人，于是他奋发图强，刻苦钻研绘画。后来他的作品在法国展出时，曾经嘲笑中国人的那个同学终于意识到自己的才能远在中国人之下。

徐悲鸿的例子告诉我们话说出去，就没有任何回旋的余地了，所谓"覆水难收"，一旦有了决心，又担心自己会找退路，意志力动摇，不妨在公共场合向别人公布自己的计划，逼迫自己践行诺言，这样只能一往无前，不会再找理由浪费时间了。

2. 一次把事情做到位

在行动之前，千万不要告诉自己这次计划被耽搁、没有如期完成任务，可以等下次把余下的工作完成，因为怀有这样的想法就会使你的行动变得无比低效。如果你把希望全部寄托于下次，就会对此次行动的结果毫不在意，那么过程势必拖拖拉拉。因此，千万不要说"下次再执行""以后还有很多机会"之类的话，而要告诫自己必须一次性把事情做到位，彻底消灭自己爱找后路的毛病。

3. 一鼓作气完成工作

兵家有云，双方交战必须一鼓作气，否则就会"一而再，再而衰，三而竭"。当恺撒率领大军登陆英国时，他没有给自己的士兵留下退却之路，而是向他们宣讲此次作战，不是凯旋，就是战死。当着所有士兵的面，他烧毁了所有的船只。

我们身处的社会环境，竞争无比激烈和残酷，生活在经济、科技高速发展的 21 世纪，我们不但要超越竞争对手，还要打赢和拖延症的战争，没有坚定不移的意志、没有奋不顾身的勇气是不行的，拖延之后心态就会陷入疲软状态，随后战斗力越来越弱，在这种情况下想要鼓舞起自己的斗志几乎是不可能的。我们知道写文章讲究一气呵成，做工作也该这样，一鼓作气完成当日的工作，屏蔽其他一切活动，铲除心中其他幻想，不达目的不罢休。

4. 斩断退路，排除其他可能性

为了让自己更有安全感，我们会给自己留有无数条退路，好让自己在计划落空之后仍有回旋的余地，比如有人意识到自己已经不可能如期完成任务，便开始忙着为自己找退路，心想如果不能按时完成工作，受到了惩罚甚至辞退，可以换份更轻松的工作，在没有被严肃追究的情况下，还有一丝喘息的机会，等到下次再纠正办事拖拉的毛病。

留有退路的心态是不可取的，它会让我们失去风险意识，误以为就算把计划搞砸仍然不必付出太大代价。怀有这种心态的人常常拖延成性，因为他们总把自己看成幸运儿，以为每次拖延都能侥幸逃脱惩罚，如此更难戒掉拖延的瘾。所以，我们必须毅然决然地丢掉自己的退路，让自己无路可退，只能一路昂扬前行，用速度和力度打败拖延症的围剿。

自制力强的人没有拖延的习惯

我们正处在一个信息大爆炸的时代，互联网的发展广泛而深刻地改变了我们生活的各个层面，购物网站的兴起使我们的双眼被眼花缭乱的商品迷住了，秒杀的刺激又让我们在工作场合情不自禁地下单，每隔几分钟我们就迫不及待地打开手机刷微博，任何一点鸡毛蒜皮的小事都急着在朋友圈分享，在查资料时忍不住点开正文旁侧的推广链接，时间一点一点地逝去了，转眼到了下班时间，我们的工作似乎才刚刚开始。

有时我们也为自己缺乏意志力、自控能力差而倍感沮丧，我们明知道拖延是一种有害的习惯却一再犯错，不禁要大呼自制力是一种稀缺资源，而这种资源是可遇而不可求的。事实果真如此吗？其实每个人都有约束自己的能力，但是成功驾驭自己确实不是一件容易的事。神经生理学家说，人的理性思维和情绪行为在大脑中是有分工的。也就是说，人的行为既受理性的控制，又受情绪的影响。两者是此消彼长的关系，理性占据上风，人的自制力就强，较少出现拖延和懒怠行为，反之人就会被惰怠吞噬，失去自控能力。

苏格拉底说："谁想转动世界，必须首先转动他自己。"转动自己意味着自我鞭策、自我操控，换言之便是自制力的意思。自制力是一种可贵的品质，古今中外任何一个在某一领域获得累累硕果的人，都是高度自制的人，他们善于抑制与自己目标相违背的冲动，迫使自己做最该做的事而不是最想做的事，因此他们取得了令世人望其项背的成就。

本杰明·富兰克林是美国伟大的科学家和思想家，他发明了避雷针，起草了《独立宣言》，获得了世界人民的尊敬和爱戴。在回顾自己一生时，富兰克林认为自己的成功主要受益于年轻时的一种"特殊习惯训练"，他用十五页纸写下了提升自制力的方法，在美国引起了巨大的反响。

富兰克林年轻时像许多青年人一样不善于自我约束，由于缺乏自制力，他连一份像样的工作都找不到，长期处于失业状态。但是他并不是一个没有志向的人，强烈地渴望超越平庸，成为杰出者，经过痛定思痛的一番思考之后，他得出了一个结论：善于自制的人通常具有很多美德，并且具有完善的人格。于是他便总结出了 13 种成功人士必备的美德，将其作为提升自身自制力的目标，并找出自己的坏习惯，下定决心一定要改正。

富兰克林认为在某一时间内专注于改变一种坏习惯效果会比较好，于是便计划每个星期改掉一个坏习惯，结果他只用了三个多月时间就践行了 13 种美德，这段时间就成了一个训练周期，富兰克林以此不断地训练自己。为了检查训练的结果，他专门用一本小册子做笔记，严格记录自己的行为，逐渐抛弃了自己的不良行为模式，使自己成为一个高度自制的人。

富兰克林列举的 13 种美德包括：

节制——不贪食，饮酒不过量；

寡言——避免无意的聊天；

有序——物品摆放要井然有序，办事要分轻重缓急；

决心——该做的事一定要做到，下定决心之后一定要坚持不懈地执行；

俭朴——生活节俭，不铺张浪费；

勤勉——不白白浪费时间，把时间投放到有用的事上；

诚恳——做人诚实，待人真诚；

公正——不做任何损人利己的事，做一个正直公正的人；

适度——不极端，适可而止；

清洁——保持身体、衣物和房屋的干净整洁；

镇静——不因小事惊慌；

贞节——忌房事过度；

谦虚——像耶稣和苏格拉底一样虚己。

富兰克林认为人贵在自我管理，严格要求自己，提高自己的自控能力，才能把自己历练成一个卓越的人。除了注重品德的自我管理外，富兰克林还为自己制定了严格的时间表，详细规划了一天所要做的事情。正是凭借着强大的自制力，富兰克林养成了受益一生的良好习惯，在众多领域取得了杰出的成就，成为受人仰慕的成功人士。

那些能实现自我管理的人是非常让人羡慕的，他们有规律的作息时间，可以尽心竭力地工作，还可以欣赏几部不错的电影，每周都到图书馆读书，并坚持跑步、游泳，活得悠游自在。而拖延者呢，追逐着虚无缥缈的快乐，在多巴胺的驱使下不断点击着鼠标，总以为下一秒就能看到惊喜，自制力被欲望侵蚀，美妙的计划、美好的理想在强大的诱惑面前瞬间灰飞烟灭，生活变得混乱无序，工作时间在享乐，休闲时间忙得一团糟，神经要么松弛得过分，要么紧绷得几乎令人崩溃，这都是自我管理失败造成的。那么我们该如何提高自制力，进行有效的自我管理呢？

1. 用结果比较的方式提醒自己

不妨设想一下，成功实现了自我管理和自我失控会给自己带来怎样不同的影响。大部分拖延者只在乎目前的感受，期望获得短暂的快乐，经常扔下工作娱乐，而不愿考虑将来的生活，这是典型的逃避心理。万事皆有因果，你的未来是由你现在的表现决定的，你想要一个黯淡的明天和垮掉的身体吗？如果不想，现在就应该学会虚心、克己，把自己修炼成一个高度自制的人，而不是懒懒散散、拖拖拉拉的人。

2. 有意识地锻炼自己的自控力，养成良好的习惯

人的自制力就像肌肉一样，经过锻炼力量是可以增强的。锻炼自控力可以从培养良好的习惯开始，因为当我们不能控制自己时，会倾向于按照固有习惯行事。如果你养成了良好的习惯，就可以在自己意志不坚定时避免自己向失控的方向发展。

3. 向别人公开自己战胜拖延的计划，强制自己克制拖延恶习

战胜拖延症任重而道远，只要意志稍有松懈就可能退回到原点，只靠一个人战斗是非常辛苦的，不妨向朋友公开自己的"战拖"计划，在大家的监督下，逐渐提升自己的自制力，同时在朋友的鼓励和祝福中，增强自己的信心，迫使自己在做出了公开承诺后尽最大的努力抵制拖延症。

4. 建立健康规律的生活方式

拖延症虽是心理问题，有时也和生理原因有关。我们的自控力是由大脑中的前额皮质掌管的，在我们睡眠充足、能量充沛的情况下它才能正常运作，这也是许多喜好锻炼、拥有良好睡眠的人自控力更强的原因。不少拖延者因为白天完不成工作被迫挑灯夜战，第二天精神不振，影响了前额皮质的运作，导致自控力下降，精力无

法集中，一整天工作效率低下，由此造成了恶性循环。所以，我们必须建立健康规律的生活方式，早睡早起、科学膳食、经常锻炼，使自己的身体机能处于正常状态，这样才能通过调节生理状态达到提升自制力的目的。

第五章

拒绝"鸵鸟心态"，
走出失败的梦魇

关于拖延症，有很多形象的比喻，最令人印象深刻的是将拖延者比作把头埋进沙子里的鸵鸟。鸵鸟在危险来临时，为了躲避焦虑而做了一件傻事，那就是放弃逃命的机会，用沙子蒙上眼睛。鸵鸟的这种心态，和拖延者对待失败的心态如出一辙。鸵鸟为了逃避危险反而让自己更危险，拖延者为了逃避失败而把自己推向了失败。

心理学家尼尔·弗瓦尔一针见血地指出："人们拖沓的主要原因是恐惧。"人们普遍对失败怀有先天的恐惧，人人都想获得成功，无一不谈失败而色变。失败给人带来惨痛的教训，却也能使人警醒，不经历失败的历练，成功根本无从谈起。失败是前进过程中必不可少的插曲，你刻意拒绝它，也就等于把成功的欢乐挡在了门外。不要去做那种自欺欺人的傻鸵鸟，把埋在沙子里的头伸出来，放开步伐奔跑起来吧，在沙地上奏响铿锵有力的"战拖"小曲，把失败的阴影牢牢踩在脚下，你将无往而不胜。

征服恐惧，在失败的废墟中崛起

有些工作本可以如期完成，有些人却偏偏喜欢三天打鱼，两天晒网，拖到最后才开始匆匆忙忙收尾，结果到了最后期限还是没有做完。拖延者为什么要这么做呢？难道他们不清楚自己是在扮演寒号鸟的角色，风和日丽时偷懒，寒风肆虐时再筑巢已经来不及了吗？他们当然清楚，可是因为害怕面对失败的恐惧，他们宁愿承担由拖延引起的任何后果。

表面看来，许多拖延者并不争强好胜，似乎对成败看得很淡然，一个工程承包人拖着不交承包书，以致失去了竞标的机会，他表态说对商业竞争没有多大兴趣，其实是在掩饰自己害怕在竞争中落败的恐慌。有时拖延不过是给自己找一个不失尊严的台阶下而已，比如你坚持用一只手打球，故意让另一只手的力量闲置，失分时就有了绝好的借口："我还没有用另一只手呢。"

从某种程度上说，拖延者通过拖延时间一手促成了自己的失败。有人或许有些不解：他们既然恐惧失败，为什么还要有意识地向失败靠拢呢？因为在巨大的恐惧面前，他们的理性思维短路，这就好比被大火包围的人因为受惊过度而放弃了逃跑一样；另一个原因是通过拖延，他们可以把糟糕的结果和失败之间的等式打断，即结果虽然很糟糕，但并不代表他们能力不济或彻底失败，因为他们只是没有掌控好时间，有些余热还没有发挥出来。畏惧失败使拖延者反复失败，成功变得遥遥无期，这种选择性的失败比失败本身更为可怕，因为它是人为的结果，反常行为得不到纠正，拖延者就永远没有希望看到成功的曙光。

艾森是广告公司的平面设计师，他工作勤勉，经常夜以继日地工作，但是同事和老板对他的评价都不高，认为他根本不是一名出色的设计师。艾森长期被"失败恐惧症"困扰，在大学时代他成绩优异，如愿考取了全国知名的美术学校，可是高才生的身份成了一种无形的精神枷锁，他每天都在担心自己的才能被否认，尤其害怕经历失败，他开始在拖延中挣扎，为了设计出非同凡响的作品，他把交作业的时间一再拖延，好在最终他还是顺利毕业了。

刚刚踏入社会，艾森就进入了当地知名的广告公司工作，同学们都很美慕他，当年的他同样热血飞扬，对未来有过美好的憧憬。可是现实并不像想象的那样美好，在工作中他屡次碰壁，设计的广告方案多次被客户否决，他绞尽脑汁想出的创意有时被贬得一文不值，为此他经常通宵达旦地加班，拟订了好几个方案供客户备选，可是客户仍然对他摇头。

多次受挫的经历让艾森的精神遭到了沉重的打击，他对失败的恐惧与日俱增，他常常对自己说："为什么我的作品总是不能被客户认可？我真的是一个差劲的设计师吗？在学校里我可是被看作最有前途的人，现在却屈居人后，能力不被认同，我的未来又在哪里呢？"由于心理负担太重，艾森感到不堪忍受，只好靠拖延来缓解心情，以致拖延症越来越严重了。

以前接到项目当天，艾森就会立即拟订设计方案，后来发展到接到项目好几天了，他还是迟迟不愿开展工作，拖得客户不耐烦了，一遍遍打电话催促，他才被迫开始设计东西。然而设计是一项非常耗费时间的工作，短期之内不容易找到灵感，艾森仓促赶工完成的作品，更加让客户不满意，反反复复修改又浪费了更多的时间。艾森几乎把所有的休闲时间都用在工作上了，结果却这样令人大失所望，他的挫败感变得异常强烈，尽管他无论如何也不想承认自己工作能力不足，却无法摆脱拖延的僵局。

艾森因为畏惧失败而拖延工作，拖延之后只给了他短暂的喘息时间，却给他带来了更大的恐惧。每当截止日期临近，艾森就紧张得不知所措，他已经没有时间来设计作品了，更不敢奢望设计出一流的创意作品了。

人为了躲避痛苦和伤害，本能上会选择逃避或退缩。拖延者不能承受失败的痛苦，为了寻求自我保护，他们转而选择阅读电子小说或聊八卦来暂时缓解焦虑，最终因为浪费时间而耽误了工作进程。我们知道不消除对失败的恐惧，就会永远裹足不前，只有直面失败，粉碎盘踞在心头的阴影，我们才能为自己擎起一片晴空，赢得转败为胜的机会。那么我们该如何战胜对失败的深深恐惧呢？

1. 重新评价失败事件

失败并不是一场劫难，它只是你成功道路上的一段小插曲，可以给你带来很多有益的启示。不要把失败看成像世界末日一样可怕，每一次跌倒都是为了更好地奋起，当我们蹒跚学步时摔倒过无数次，可是我们并没有因为摔跤而放弃学习走路，于是我们每一个人都有了行走的能力。失败是一场考验，它在一定程度上暴露了我们能力上的种种不足，从另一个角度来看，它为我们的成长指明了方向。

我们都很熟悉一个非常有诗意的句子：冬天来了，春天还会远吗？是的，你经历了失败之冬，可是不要惊恐地哭泣，因为过不了多久你就能看到希望之春。失败一次意味着你离成功又近了一步，爱迪生在尝试了 1000 多种灯丝仍然没有发明出电灯时，他说："至少我证明了有 1000 多种材料是不可用的。"是的，他排除了 1000 多种材料，最后找到了最理想的灯丝材料——钨。失败并不可怕，当我们能勇敢地面对它时，它不过只是丰富我们阅历的一个元素而已，并不能摧毁我们的意志，也不能毁掉我们的人生，它只会让我们变得更成熟、更坚强。

2. 客观地看待失败，切忌把几次失败的经历联系在一起

过去的经历往往会影响你现在的感知和判断，失败的经历尤其会左右你的情感。回首往事，失败的片段像电影一样一幕幕在脑海

里回放，它们仿佛放大镜下的墨点，染黑了你全部的视野，使你看不到周围无瑕的白纸。拖延者总是喜欢把孤立的事件串联在一起，一步步地陷入"习得性无助"的陷阱。

"习得性无助"是由美国心理学家塞利格曼提出的，他曾经做过一项经典实验，把狗关进笼子，只要蜂鸣器一响，就电击这个可怜的囚徒，反复实验后，蜂鸣器响起，他打开了笼门，狗不但没有逃跑反而无助地等待电击的来临。这种因为重复失败而心灰意冷，听任命运摆布的行为就是习得性无助。改变这种无助状态，必须改变对多次失败经历的看法，不要因为经历了几次失败就把它当成了一种必然的结果，而要客观地看待过往的经历，把原因归咎于可控的变化因素上，不要否定自己的能力，这样才能改变自己的命运。

3. 通过心理调适克服内心的恐惧

恐惧心理可以通过适当的心理调适缓解，具体步骤如下：

第一步：把令你恐惧万分的场面按照由轻到重的顺序写在不同的卡片上，把最让你惶恐不安的场面放在最上面。比如想象一下你失败的后果，你最害怕的是什么，是被别人否定、失去工作，还是被亲朋抛弃？写下你的真实想法，让自己的头脑中呈现出那些可怕的场面。

第二步：进行松弛训练。安静地坐在一个舒服的座椅上，均匀地深呼吸，使自己全身得到放松。紧张感缓解之后，拿出最上面的卡片，想象它描述的场景，细节越多越好，效果越逼真越佳。

第三步：当你觉得感到害怕时，停止想象，继续用深呼吸的方式让自己的神经松弛下来。心情平复后，重新想象刚才的场景，紧张不安时再停止想象，然后放松，反复练习，直到自己恐惧感不再强烈为止。

第四步：拿出下一张卡片，按照同样的方法操作。

第五步：把所有卡片上的内容都依法想象几遍，直到自己不再感到害怕和紧张为止。

努力战胜自己

人最大的敌人就是自己，有时战胜别人容易，战胜自己却很困难，多少不可一世的强人曾经力挫群雄，获得了名声与荣耀，结果却被自己的心魔打败，走向了悲剧的结局。击败别人只能证明自己的力量，而打败自己才能让自己的内心变得强大起来。贝多芬战胜了自己，扼住了命运的咽喉，在失聪的情况下谱写出了气势磅礴的《命运交响曲》；霍金战胜了自己，在全身瘫痪、疾病缠身的状态下，用他那发达的大脑思考宇宙的奥秘，写出了震惊科学界的《时间简史》。这说明战胜自己远比战胜所有人更重要。

在与拖延症交锋的过程中，你最大的对手不是别人，而是你自己。为什么我们在拖延症面前会屡战屡败呢？究竟是拖延症不可战胜，还是我们没有准备好打赢自己？为了回避害怕或不喜欢做的事情，我们选择延迟痛苦，为了逃避失败的重创，我们用拖延的方式不断给自己疗伤，我们一次次地和自己的心魔抗衡，一次次一败涂地。殊不知，输给自己就输掉了一切，而打赢属于自己的战役才能开创全新的生活。

有一位棋艺精湛的高手成为了教练，他训练选手的方式别具一格。他从不向年轻选手传授进攻对手的招数，也不教他们谋略，而是每天和棋手们对弈，决出胜负之后，让他们牢牢记住自己走过的每一步棋，然后让他们回顾自己的失误。能总结出自己失败原因，找出自己失误步骤的棋手获得了他的高度赞扬，不了解自己哪个步骤走错了的棋手受到了严厉的批评。

棋手们很不适应这个教练的教学方法，纷纷说他的训练方式过于单调，既没有传授有关棋道的理论知识，也没有把下棋的实战技巧教给大家，还说他虽然棋艺高超，但不懂得教学之道，更不适合当教练。同行的教练也不认可他的教学模式，他们不理解他为什么不把谋略和对弈技巧教授给年轻的棋手，而只是一味地让他们观察自己的失误，这样怎么能培养出真正的棋道大师呢？

无论别人怎么质疑自己，这位教练仍坚持推行自己的教育方式，继续让棋手牢记自己的失误，很多时候他都只是简单地点拨一下他们，棋手们在下棋过程中出现的问题基本靠他们自己观察和发掘。起初每次对弈之后，所有的棋手都能找出自己的失误之处，很多人觉得自己下棋的水平太差了，居然频频走错棋。后来棋手们发现自己失误的次数越来越少，有时对弈之后竟然步步走得精准，一步也没走错。这时，棋手们开始耐不住了，要求教练把战胜对手的理论和技巧传授给自己，他们强调对弈是一种双向活动，没有谋略和技巧怎么能打败对手呢？

这位固执的教练笑道："棋道的最高境界不是讲究什么谋略和技巧，一个棋道高手，只要能找出自己的全部破绽，避免以后出现失误，就能打败所有的对手。"果不其然，经他训练的棋手参加过很多盛大的比赛，在和高手的竞技中屡屡得胜，许多顶尖棋手都败下阵来。对手们纷纷称赞说："这些年轻棋手真是太厉害了，虽然没看出他们运用什么谋略和技巧，可是对弈时却丝毫没有破绽，对此我们束手无策，所以败给了他们，他们赢就赢在零失误上。"

人生就如同棋局，克敌制胜固然重要，但战胜自己更重要，克服自己的缺陷，把自己修炼得更加强大，让所有的对手都找不出破绽，才能获得最终的胜利。有时候，我们屡次惨败，不是败给了强劲的对手，而是败给了自己。有的人把自己的拖延归咎于外界，列举了种种理由，比如职场竞争残酷，给自己带来莫大压力；老板太过刻薄，逼迫自己高效运转；人际关系冷漠，在没有人情味的办公室工作感到厌倦……这类拖延者以为自己是被客观环境拖垮了，却没有意识到更深层次的原因在自己身上。对于事物的发展变化来说，包括人的行为改变，外因是不起主导作用的，内因才是引起事物质变的根本原因。所以与其说你输给了拖延症，不如说是败在了自己手里。那么在"战拖"的道路上，我们怎么做才能真正战胜自己呢？

1. 相信自己能战胜拖延症，永远保持自信

当别人用不屑的口吻对你说："你不行，这件事你是不可能做到的。"你可能会受到打击，也有可能痛下决心要改变他的看法。可是如果这个声音是你自己发出的呢？你有勇气战胜自己内心的怯懦吗？每个人都希望自己无所畏惧、无坚不摧，但是却不能否认自己软弱的一面，尤其是自己狼狈不堪的时候。

有些拖延者一次次被拖延症打败了，就认定拖延症是不可战胜的，却没有认清人是自己行为的主宰，每个人都有管理好自己的能力，战胜自己不是神话，而是完全可以实现的现实，至少它比战胜癌症要容易得多。无数挣扎在死亡线上的人尚且以顽强的毅力挑战自身的极限，不愿放弃渺茫的希望，我们又怎能对自己失去信心呢？

2. 不要把希望寄托在别人身上，要靠自己打赢属于自己的战争

有的人依赖感强，事事都想依靠别人，仿佛脱离了拐杖自己就不能独立行走。自己不能如期完成工作任务，就希望别人能挤出时间为自己排忧解难，这是很不现实的，别人可以偶尔为你提供帮助，却不可能永远为你服务，自己的事情仍然需要自己亲力亲为。战胜拖延症是你一个人的战争，最顽固的敌人就是你自己，在这场决斗中，别人能为你做到的事是极其有限的，你是唯一的也是最重要的斗士，战局操控在你手里，任何一个援兵都不可能力挽狂澜，所以你能依赖的唯有你自己。

3. 永不言弃

事实上，没有人会漠视失败，挫败感会带来伤痛、动摇信心，伟人在遭遇重大失败时，也会痛苦万分，不过他们和凡人不同的是，

他们有极强的自我修复能力,很快就能从失败的废墟中重新建立起来,即使再次遭遇失败也不会放弃继续努力。那些1000次跌倒能够1001次站立起来的人,最终柳暗花明走向了成功。失败不是休止符,只要你不轻言放弃,它不可能成为你人生的最终结局,无论你正经历事业上的失败,还是被拖延症打败,这些都是你人生旅途中的小小波折而已,成功就在你的脚下,不过你只有坚持不懈才能有幸邂逅它。

英国首相丘吉尔在一次演讲中,被追问成功的秘诀是什么,他没有长篇大论地发表慷慨激昂的演说,而是简短地说了几句话:"第一是,决不放弃;第二是,决不、决不放弃;第三是,决不、决不、决不放弃!我的讲演结束了。"这便是他带领英国走向胜利的秘诀。在我们的一生中,我们并不需要取得左右世界局势的伟大胜利,最为重要的战役就是战胜自己,遇到困难时能迎难而上,遭遇挫败时能重拾信心,永不言败、永不放弃,直到取得最后的胜利。

内心强大才是真正的强大

人生无坦途,每个人都会遇到挫折,面对挫折你会一蹶不振还是勇敢接受?有的人说在疲倦、沮丧、痛苦的时候适当拖延一下,给自己的心灵放个假,好过苦撑着继续工作。这种想法固然有一定道理,可是你不能给自己无限期休假,拖延也是要有时限的,否则被搁置的工作岂不是要堆积成山?

遭遇挫折以后,我们不应过分沉溺于失意的阴影中,更不应该长期颓废不振,世上没有愈合不了的伤口,我们没有理由日复一日地暗自神伤。生命没有不能承受之轻,也没有不能承受之重,海燕能够昂着头在暴风雨中飞翔,小小的鸽子能够在炮火的洗礼中传达重要讯息,我们岂能遇到一点挫折就自怨自艾、虚度时光?

　　英国劳埃德保险公司曾从拍卖场买下了一艘伤痕累累的船，这艘船有着不可思议的惊险经历：它于1894年下水航行，在广袤的大西洋上138次遇到冰山，116次触礁，13次船身起火，桅杆被强风暴折断过207次，然而它却能一如既往地在海上航行，不曾沉没过。这是一艘身经百战的不沉之船。基于这艘船的传奇经历可以给人们带来某种启示，劳埃德保险公司决定把它捐献给国家，直到今天它仍被收藏于英国萨伦港的国家船舶博物馆。

　　真正使这艘船名声大噪的是一位律师，那时他刚刚输掉了一场官司，委托人因为受不了打击自寻短见了。这不是他第一次打输官司，也不是第一次经历委托人自杀事件，可是他仍被一种挥之不去的挫败感和负罪感包围，为此他深感痛苦。第一次看到那艘不沉之船时，他心情久久难以平复，他想为什么不请人们来参观这艘无坚不摧的船呢？于是他抄写了这艘船的历史，把相关介绍和船的照片带回了律师事务所，挂在了目光可及的位置，此后每次有人请自己辩护，他都建议他们去参观那艘船。

　　我们知道，大海并不平静，每艘船乘风破浪以后都会留下伤痕，世上没有不带伤痕的船，除非它从来就没有航行过。人生亦是如此，但是能像博物馆中陈列的那艘船一样选择永不屈服的人却并不多，其中铺设海底电缆的菲尔德就算一位，他历经了打击和挫折，经历了不少风浪，可是仍执着地咬牙挺住，最终获得了成功。

　　1844年，莫尔斯为了让生活在同一块陆地上的人们打破空间的局限，能同时了解发生在世界上的事情，发明了有线电报，可是生活在欧亚和美洲大陆的人们，由于被海洋隔开，不能用电通信。年轻的富商菲尔德为了改变这一状况，投入大量资金铺设海底电缆。第一次尝试，他没有成功，300海里长的电缆在海上消失了。

　　一年之后，菲尔德又开始启动铺设海底电缆的工程，在动工的第四天天气突变，狂风大作，暴雨如注，200海里长的电缆又没有铺设成功，白白浪费掉了。第三次铺设电缆时，人们已经不对他抱任何希望了，结果他却成功了。纽约人首次接收到了英国女皇的贺电，海底电缆使生活在不同大陆的人实现了正常通信，人们欢呼着为菲尔德举行了庆祝游行活动。菲尔德被奉为了不起的英雄，正当人们狂热地庆贺时，海底电缆突然出了问题，通信中断了，质疑声一浪高过一浪，菲尔德在短短一夜间从人人仰慕的英雄成了人人唾骂的骗子。

菲尔德背负着骂名生活了很长时间，海底电缆通信计划被搁浅了6年，很多人都忘记了有关电缆的事，菲尔德却没有忘，他购买了巨轮，又开始了新的尝试，再次遭遇了挫败，可是他仍没有放弃，终于在1866年成功铺设了连通美洲和欧洲的海底电缆，解决了两块大陆的通信问题。

遭遇过冰山、火烧、触礁的船拒绝沉没，历尽艰辛、多次遭遇质疑的菲尔德拒绝颓废，因为他明白挫败和伤痛是不可避免的，世上没有不带伤痕的船，可是倔强的船哪怕体无完肤也可以选择傲然航行。在失败面前，我们不能让自己的勇气沉没，而要望着远方的地平线航行到天际。有一则广告写得非常耐人寻味："梦想注定是孤独的旅行，路上少不了质疑和嘲笑，但那又怎样？哪怕遍体鳞伤，也要活得漂亮。"是的，无论外界给过我们多少伤害，也无论我们受过多少次伤，都要把自己的内心修炼得强大起来，因为内心强大才是真正的强大，当我们潇洒地写下豪迈宣言的那一刻，就已然蜕变成了不一样的自我。

在人生低谷时，我们是孤独的、无助的，不止一次被客户和老板否定，自信心降到冰点，身心像被寒流包裹，于是把拖延当成了唯一的安乐窝，试图通过长久的休憩来自我疗伤，可是逃避并不能解决问题，我们终有一天要面对眼前的残局。那么，我们该如何应对挫折呢？

1. 保持沉着冷静，不惊慌不抱怨

受挫时不要怨天尤人，也不要惊慌失措。挫折是人生的必修课，坚强起来你就不会被袭垮，不要被暂时的失败蒙蔽了双眼，顾城说："黑夜给了我黑色的眼睛，我却用它寻找光明。"只要你能擦亮自己的双眼，以理智、沉着、冷静的态度来对待暂时的黑暗，那么光明就在不远的前方。

2. 理清思路，查清失败的原因

失败是对自己的一种考验和磨炼，挫折教育对于我们的成长和发展来说是有益的，但不是所有的人都能从失败中学到有价值的东西。如果把挫折经历比作一所大学，显然我们每个人都交了高昂的学费，可是我们都学到真知了吗？在失败之后，我们是否在第一时间理清思路，找到失败的原因了呢？从中我们可以总结出哪些经验和教训？如果你能自信地回答出这些问题，那么就没有白白承受挫败的阵痛，所做的一切都是值得的。

3. 学会移花接木，用替代目标来恢复信心

如果你的目标没有实现，并且在短期内难以实现，可用较容易实现的目标代替之前的目标，这是一种恢复自信心的方式。移花接木的方法并不意味着放弃自己的人生目标，而是把终极目标当成长远目标，在短时间范围内努力尝试实现其他目标，这样做有利于使自己迅速从挫败中恢复，进入正常的工作状态。

4. 学会自我解嘲

工作、生活不顺时，不要总是愁眉不展，更不能举杯消愁，不妨运用自我解嘲的方式来淡化挫折给自己带来的苦闷。自我解嘲不是强颜欢笑，也不是牵强附会的幽默，而是一种乐观的态度，它会让你在不知不觉中放下心理负担，在淡淡一笑中发现快乐的真谛。

悦纳痛苦，刀尖上亦能欢舞

追逐快乐，回避痛苦，是人的天性。大多数人都喜欢巧克力和糖，因为它们会给我们的味蕾带来美妙的享受，少有人愿意品尝酸涩的柠檬和不加糖的苦咖啡，因为它们让我们的舌头备受折磨。痛苦的感觉不是我们想要的，所以我们在本能上竭力回避，可是我们并不能阻止它不期而至，酸甜苦辣是人生的百味，任何的滋味我们都得品尝，无论在主观上是否乐于接受。

上司或老板可能会对你的工作表现打一个很低的分数，好不容易经营起来的口碑可能因为一次失误而毁于一旦，难缠的客户可能对你不依不饶，这些经历都是你想刻意回避的，可是当事情降临在你头上，你恐怕是避不开的。在平静的生活被打破后，你感到哀伤、苦涩，没有心情去工作，心想自己的内心世界已经大雨倾盆，等到心情放晴再处理工作，于是给拖延症提供了温床。所以从某种意义上说，拖延是你处理不了自己的痛苦情绪造成的结果。

其实，痛苦本身并没有那么犀利凛冽，它只是被我们的感知无限放大了，在我们被动承受痛苦的时候，无能为力的感觉会给我们带来刻骨铭心的记忆，有的人为此痛不欲生，这都是自己种下的苦果。坦然接受痛苦，学会享受痛苦，它的破坏力就会减退，既然我们回避不了它，完全可以选择与之和平共处。这不是自我欺骗的谎言，承认痛苦存在的意义是战胜痛苦最为关键的一步。如果你能做到悦纳痛苦，就算在刀尖上欢舞也不会受伤。

美国总统罗斯福从格罗顿公学毕业后，立志成为海军军官，却遭到了父亲的强烈反对，理由是他的父亲希望他将来能继承家业，不希望他远离故土，建议他学习法律。罗斯福于是便成了哈佛大学的一名学生，后来成了一名律师，1910 年步入政坛，当选为纽约州的参议员，1920 年竞选副总统落选。

竞选失利后，他暂时离开了政坛，但很快重整旗鼓，向经济领域进发，打算一展拳脚。这时不幸的事情发生了，有一次他游泳受了寒，两条腿机能失灵了，背部和腿痛不可挡，继而引发全身放射性疼痛。他的神经变得异常敏感，哪怕轻轻触碰一下肌肉都能引起一阵针刺般的疼痛。

罗斯福不但要强忍肉体上的痛苦，还要承受巨大的精神折磨。他的腿瘫痪了，连最基本的自理能力都丧失了，成了一个需要别人照料才能生活的残疾人。他年轻的身体被禁锢了，前程也毁了。在刚刚患病的几天里，他痛苦万分，几乎到了绝望的地步，认为自己成了上帝的弃儿，可是他不甘心就这样度过后半生，心想既然他不能抛开残疾带来的痛苦，注定要忍受病痛，为什么还要在精神上折磨自己呢？于是他坦然接受了自己的命运。

罗斯福并不是个宿命论者，他有承受巨大痛苦的勇气，在整个治疗过程中，他都表现得异常坚毅和勇敢，他密切配合医生的治疗，按照医嘱进行锻炼，虽然锻炼对他来说是件非常艰难的事，而且还会引起他躯体上的痛苦，他仍然坚持了下来。后来他又雄心勃勃地竞选总统，还用坚定的声音对助选员说："你们布置一个大讲台，我要让所有的选民看到，这个得了小儿麻痹症的人，可以'走到前面'演讲，不需要任何拐杖。"当天，他西装革履、意气风发地走向讲台，打动了每一个在场的美国人，他成为美国历史上唯一一位连任四届的总统。

痛苦不是我们的主动选择，它来临时经常让我们措手不及。我们可能得不到满意的工作、老板的赏识、客户的认同，每日在忙忙碌碌中迷失了自己，可是这种痛苦和罗斯福经历的一切比起来又算得了什么呢？俗话说，人生不如意十之八九，与其悲壮地啜饮痛苦这杯酒，还不如心平气和地品尝它，享受痛苦绝非为了体验自虐式的快感，而是为了学会和生活及自己和解，只有这样我们才能看到痛苦的反面——幸福。那么我们该如何做才能从容面对痛苦呢？

1. 以平常心来感知痛苦

没有人会赞美痛苦，可是这并不能改变它的本质，它和欢乐相伴相生，是作为生命的一种感觉。一个没有经历过任何痛苦的人，不可能真正了解快乐的含义；一个对痛苦缺少体验的人，必然不明白幸福的来之不易。在痛苦中涅槃，才能浴火重生，活出一个崭新的高度。

一个叫威廉·马修的人因为外伤全身瘫痪，每天早晨他都要承受常人难以想象的肉体折磨，忍受全身不同部位持续一个小时剧痛，连医院里的护士都目不忍睹。可是马修却说："钻心的刺痛固然难忍，但我还是感激它——痛苦让我感到我还活着！"当苦难降临时，我们愤怒地质问苍天，可这样做并不能改变什么，靠拖延工作来麻痹自己也不能改变自己的命运，只有用一颗平常心来面对它，坦然地悦纳它，才不至于被痛苦的潮水淹没。

2. 学会感恩

有的人认定自己是这个世界上最不幸的人，理由是没有理想的工作、高薪的收入和完满的家庭，于是精神颓废，整日浑浑噩噩地生活，把拖延当成了一种常态，丧失了进取的动力。这主要是因为缺少感恩的心态造成的，人生就算有诸多的不幸，仍值得我们去感激。我们应感谢命运给予了我们健康的体魄，感谢父母抚育我们长大成人，感谢阳光给了我们一天的好心情，还要感谢我们那份并不理想的工作，它赐予了我们维系生活的面包。对于痛苦我们也要感谢它，它让我们对自己有了全新的认识，使我们的意志变得更加坚定，让我们的个性变得更加沉稳和坚强。

3. 不要刻意放大痛苦

卢梭说："除了身体的痛苦和良心的责备以外，一切痛苦都是想象出来的。"诚然，每个人都有悲伤和痛苦的时刻，可是痛苦真的是排解不完的吗？当然不是，很多痛苦是我们的想象加工出来的。人常常会犯一种错误，就是放大痛苦，好比手指被刺伤，那点痛并不算什么，我们偏偏将其夸张成断指之痛，不知不觉就泪流满面。其实生活就像一面镜子，你对它哭它就哭，你对它笑它就笑。智者常常笑逐颜开，而庸人却热衷于放大痛苦。当我们学会了对生活微笑，痛苦也就缩小了。

逆风的方向更适合飞翔

身处逆境，抱怨于事无补，意志消沉只会让你被逆境围困更久。长期马不停蹄奔忙的人或许会以逆境为由心安理得地拖延工作，平时视工作为苦役的人更是不能忍受逆境中的挣扎，于是便用各种分心的方式来降低压力和痛苦。拖延者对待逆境的态度除了厌恶，就是回避，培根却认为逆境比顺境更有价值，他曾经说过："顺境中不无隐忧和烦恼，逆境中不无慰藉和希望。"还说："奇迹多是在厄运中出现。"是的，逆境是一道独特的风景，流水被峭壁所困，飞泻而下形成了恢宏壮观的瀑布；宝剑经过高温的熔炼和无数次锤打，才有了锋芒与寒光；被暴风骤雨洗礼过的天空显得分外明澈；宇宙起源于一场惊天动地的大爆炸……

世界的本质本不是和谐，而是与逆境的对抗，万事万物皆如此，人类也是如此，松下幸之助说："自古以来的伟人，大多是抱着不屈不挠的精神，从逆境中挣扎奋斗过来的。"所有的超世之才均有坚韧不拔的意志和敢于直面逆境的勇气。凡是在逆境中宠辱不惊的人，必能冲破逆境的牢笼，从绝望中找到希望，敢于在逆境中放手一搏的人，才能看见蓝天。

"逆风的方向更适合飞翔"是一个很唯美的句子，它不是一种浪漫的说辞，而是一个科学的现实，飞机在逆风行驶时可以获得更大的升力，所以它是在逆风的状态下翱翔于蓝天的。作为人类，我们在逆风的方向是否找到了飞翔的感觉了呢？如果答案是肯定的，那么你看到的将是一片朗朗晴空。

克里斯·加德纳是一名推销医疗产品的销售员，他工资不高，为了养家糊口整天疲于奔命。有一天，他在旧金山的停车场遇到了一个驾驶着红色法拉利的男人，便提了两个问题，问那名法拉利的主人现在在做什么工作，以及怎样做好那份工作。对方回答说自己目前是一个月收入 8 万美元的股票经纪人，这个数目比加德纳的年薪还要高一倍，为了让妻儿过上更好的生活，加德纳决定投身于股票界。

不久，加德纳辞去了工作，被一家证券公司录用了，可是招聘他的那个人在他没上班前就被解雇了，他失去了工作机会。失去了生活来源，妻子很慌张，质问他为什么要那样做，两个人激烈地争吵起来，还惊动了警察。加德纳的心情糟透了，随后他因为违规停车又被罚了 1200 美元，因为交不起罚单，他在监狱里被关了 10 天。然而这才是噩梦的开始，出狱后他发现儿子和妻子都不见了，他搬进了寄宿公寓，在那么短的时间内他失去了工作，失去了家庭和亲人，变得一无所有。坏事接二连三地降临到了他的身上，好在之后妻子又把儿子还给了他，两个人的婚姻宣告结束了。由于寄宿公寓不允许孩子居住，他选择和儿子一起流浪街头。

加德纳带着儿子住过廉价的旅馆、火车站厕所，还在露天公园里栖过身，然而他并没有在逆境中自暴自弃，儿子成了他唯一的精神支柱，他拼命工作，努力赚钱，一年之后才有了固定的居所。成为股票经纪人以后，他的事业慢慢起步，1987 年他开办了自己的公司，变成了富商，为南非扶贫做了很多工作，还出版了颇具励志色彩的自传，名字就是《当幸福来敲门》，这部自传后来被改编成了电影，由好莱坞著名影星威尔·史密斯担纲主演，感动了无数观众，在全美引起了广泛的关注。

巴尔扎克说："苦难，对于天才是一块垫脚石，对于能干的人是一笔财富，对于弱者是万丈深渊。"在逆境面前，克里斯·加德纳更接近于第二种人，那么你又是哪种人呢？虽然我们未必是天才，可仍有望把逆境化作前进路上的踏脚石，为自己树立一座足以让我们引以为傲的里程碑。有的拖延者也许会说："并不是我不想走出逆境，而是我实在看不到出路，拖延不过是一种无奈的选择罢了。"这种理由显然不成立，鲁迅告诉我们："其实世上本没有路，走的人多了，便成了路。"路是探索出来的，你站在原地它不可能自动延伸到你的脚下，你越是把自己探路的时间往后拖，就越是找不到方向，想要冲出逆境更是难上加难，那么我们该如何面对逆境呢？

1. 勇于自救，化挫败为动力

善于自救者才能真正打败逆境，只有弱者才会祈求上苍免除自己的苦难，在苦难面前，我们不该匍匐在地，而应该把挫败化作鞭策自己上进的动力，要像卧薪尝胆的勾践一样时刻想着怎样一雪前耻，从而让自己成为真正的强者。

有的人被逆境所困时，感到无限惆怅，甚至颓丧绝望，开始痛恨自己所从事的工作，用消极怠工和拖延来回应命运对自己的不公，这种做法太过极端。其实困住你的并不是逆境本身，而是你自己的心，只有勇于自救你才能得到真正意义上的救赎，所有的哀怨都是浪费感情，正确的态度是走出自己的心理困局，征服逆境，超越自我。

2. 泰然自若，冷静忍耐

西方有句谚语说："泰然自若是应付困境的最好方法。"不错，人在面临危难和困境时，适应的能力是无比惊人的，但前提是你不能自乱阵脚，而要始终保持高度的冷静。有过游泳经验的人都知道双脚抽筋后最安全的做法是保持不动，借助身体的自然浮力来保持不下沉，可是溺水之后，人们总是本能地挣扎，挣扎得越激烈身体下沉得越快，结果被活活淹死了。同理，当一个人陷入沼泽时，善于冷静忍耐的人更容易生还，而慌乱的人越挣扎下陷得越深，最终就会被沼泽无情吞噬。在我们面临逆境时，不要过度恐慌，唯有冷静下来才能找出解决问题的办法。

3. 立即采取行动

拿破仑说："行动和速度是制胜的关键。"多数在业界有影响力的人在总结自己成功的经验时，都会把马上行动当成其中最为重要的一条。推销大王汤姆·霍普金斯在被追问成功的秘诀是什么时，他回答说："每当我遇到挫折的时候，我只有一个信念，那就是马上行动，坚持到底。成功者绝不放弃，放弃者绝不会成功！"

唯有立即行动才能使你快速恢复信心，继而产生继续奋斗的勇气。有些拖延者认为只有把自己的心理状态完全调试好了，才能采取行动，却不知越延迟行动内心的不安就会增多一分，行动是消除所有恐惧的法宝，只有迈开行动的步伐，你才能看到崭新的希望和无限可能，所以不要再继续迟疑下去了，马上行动起来吧。

无人欣赏时，请为自己喝彩

人的成长和进步需要掌声来激励，鲜花来庆贺，可是在大多数情况下，我们得不到别人的鲜花和掌声，如果我们不是业界的佼佼者，如果我们不曾成为某个领域的焦点人物，赞美和恭贺就降临不到我们头上。拖延者可以出于同病相怜的原因互相鼓励，可是却难以得到其他人的鼓励，获得赞赏更是不可能的。作为拖延者，充斥在你耳边的往往是这样的声音："你是怎么搞的，又没完成工作任务？""你太让我失望了，交给你什么事情都会被搞砸？""你必须想办法提高自己的工作效率，蜗牛都比你跑得快。"面对奚落和否定，你也许感到无比茫然，委屈、不甘、苦闷一股脑儿向你袭来，使你对自己、对工作越来越没有信心，拖延症便愈发严重了。

有人说："鼓励与赞美能使白痴变天才，批评与谩骂能使天才变白痴。"作为不幸的拖延者你岂能任由自己在斥责声中变成白痴？在别人啬啬他的掌声时，我们为何不给自己鼓掌？有了自己的掌声和喝彩，别人的挑剔、苛责就会像潮水一般远去，而自己的内心则明澈如湖水，倒映出万千的色彩，沉淀出彩虹般的梦。自我激励也能传递出一种良性的暗示期待，使人产生追求卓越的动机，大多数伟大人物都有一个共同的品质，那就是擅长自我激励。自我激励比别人的赞美更重要，因为外界的称赞裹挟了太多其他的因素，而自己的赞美却是发自内心深处的。

有一位出色的杂技演员，一次他为观众献上了一场惊心动魄的惊险表演，在悬崖的两端架上了一条钢丝，他的表演节目是在悬空的钢丝上行走。杂技演员站在悬崖一边，然后走上了钢丝，脚下便是万丈深渊，他不能有丝毫差错，否则就将粉身碎骨。他伸展开双臂平衡身体，小心翼翼地挪动着步子，成功地走到了悬崖的另一端。观众欢呼起来，对他报以雷鸣般的掌声。

杂技演员状态良好，还想进一步挑战自己，便对在场的观众说："我要再表演一次，这次我会把自己的双手绑住，你们相信我能走过去吗？"没有双手来维持身体平衡，风险自然增大了不少，这种表现无疑是一场赌博，可是观众很想看到更精彩的表演，更希望看到奇迹发生，于是都大声说："我们相信你能做到，你一直是最棒的！"杂技演员进行了更加冒险的表演，他用绳子把双手绑住，慢慢地从悬崖两端的钢丝上走了过去。"太棒了！真是太不可思议了！"观众们大饱眼福，兴奋异常。杂技演员还是不满足，又对观众说："我还要再表演一次，这次我不但要绑住双手，还要把眼睛蒙住，你们相信我能走过去吗?"把双眼蒙住?这会是一场精彩绝伦的表演,但是对表演者来说简直是拿生命开玩笑。可是所有人都想再一次大开眼界,于是高喊道:"我们相信你,你一定能做到!"

杂技演员用一块黑布蒙住了眼睛,又绑住了自己的双手,用脚慢慢摸索着钢丝,一点一点地往前挪动,所有的观众都屏息凝视,都有些为他担心,过程虽然惊险万分,但他还是顺利走过去了!杂技演员却没打算结束表演,他指着一个孩子对观众说:"他是我儿子,我要把他放在肩头,在绑住双手蒙上眼睛的情况下走钢丝,你们相信我能成功吗?"观众说:"我们相信你!"

"你们真的相信我吗?"杂技演员问。观众毫不迟疑地说:"我们相信你!真的相信你!"杂技演员又高声问了一遍:"你们确定真的相信我?""我们绝对相信你!你是最棒的!"观众大声说。"很好,既然你们那么相信我,我要把我儿子放下来,让你们的孩子坐在我的肩头和我一起表演,你们有愿意的吗?"观众全都沉默下来,没有人再敢轻言相信了。

外界的喝彩固然能让我们更加自信,可是当我们陶醉在一片喝彩声中时往往看不清真相,观众相信那名顶尖的杂技演员能突破自身的极限,但是却不敢让自己的孩子和他同时表演,这种信任又包含了多少真实的成分呢?别人的赞扬和追捧虽然在一定程度上代表了一种肯定,可是它是有条件的,并且有时反映的不是真实情况。而自我激励是无条件的,它会影响你对自己的看法,唤醒你的潜能,使你做出超出自身能力的事情来。那么我们如何在别人的否定声中进行自我激励呢?

1. 培养空杯心态,激发对新生活的热情

如果你的心境被过往的阴霾填满,那么你就没有心力去经营全新的生活。沉湎往事只会绊住现在的脚步,逝去的终归已经逝去,再多的失败和否定都应该被果断清零,每天的太阳都是新的,你应该热情饱满地投入到新的一天中，而不是抱着过去不放。经常给自己的心境除尘，每天以空杯心态拥抱生活，多给自己一个微笑，多给自己一些鼓励，轻装上阵走出属于自己的风采。

2. 让自己怀有梦想，并坚定地相信它会变成美好的现实

无论别人怎么评价你，都不要剥夺自己做梦的权利。在这个世界上，没有人会比你更了解自己，不要让别人的质疑和否决动摇了实现梦想的信心。天才在谈论自己的梦想时都被当成妄人和疯子，但他们对自己的梦想深信不疑，所以他们成了伟大的艺术家、科学家和发明家，而我们作为芸芸众生中的平凡一员，或许将来未必能一鸣惊人，也未必能成为举足轻重的大人物，但是有了梦想，我们的人生就会因此不一样，它会让我们在信念的指引下战胜拖延症，成就更好的自己，实现我们的人生价值。

3. 克服所有的恐惧，把自己历练成一个勇敢的人

恐惧是行动的绊脚石，一个战战兢兢、畏首畏尾的人不可能做成大事的，可是世上真的存在临危不惧的人吗？我们知道恐惧是一切生物自我保护的本能，心中完全没有任何恐惧的人是不存在的。勇者不是没有恐惧，而是拥有战胜恐惧的勇气，而所谓的懦夫则没有这样的勇气，他们只会在恐惧中颤抖。

每个人都害怕失败，怕被别人否定，怕被嘲笑和鄙夷，这是人的正常反应，可是害怕并不有助于我们发挥得更好，反而会加速我们的失败，进而把我们所恐惧的事情转化成残酷的现实。只有让自己变得更加勇敢，从容应对别人的负面评价，顶住各种压力，鼓励自己继续拼搏，才能有机会刷新纪录，这样才有可能让所有人对自己刮目相看。

4. 消除经常让你感到无能为力的担心

有些担心是杞人忧天，它却常常让你感到无能为力，使你产生大难来临的错觉，为此你变得紧张不安，甚至有点神经质，动辄就

会发呆，处理文件时经常走神，为了逃离那个想象出来的晦暗世界，你开始采用闲聊、看视频等方式分心，待处理的工作便被搁置在一旁。

这种担心和忧虑是怎么产生的呢？很大程度上是源于上级、老板或客户对你的负面评价，他们对你的工作进行了全盘否定，于是你便担忧地想自己也许会失去工作或者错失一笔大单。那么怎么消除这些忧虑呢？首先你需要了解你的担心是否是有客观依据的，如果它纯属你的主观想象，那么立即屏蔽它，你没有必要为不会发生的事担惊受怕；如果有迹象表明你的担心不完全是多余的，那么你也不能让自己处于患得患失的状态中，而要事先做好应对的准备。

自信的魔力超乎想象

萧伯纳说："有信心的人，可以化渺小为伟大，化平庸为神奇。"可见自信的力量有多么强大。自信是一个人的灵魂，一个平凡的人如果对自己满怀信心，也会自然散发出迷人的魅力，流露出从容潇洒的气度，这样的人即使没有非凡的才能，也能做出惊人的成就来。如果说天赋是上帝的恩赐，那么自信就是自己制造的魔法，它的魔力超乎想象，拥有它的人足以改变世间固有的法则，化不可能为可能，创造出真正的奇迹来。

自信是人生的支点，阿基米德说："给我一个支点，我能撬动地球。"有了自信，你就能撬起整个人生，使沉睡的潜能得到最大限度的开发，从中汲取无穷的力量。没有人清楚自己体内的能量究竟有多大，世上最精密最先进的探测仪也无法准确探测你的潜能，而自信是释放潜能的出口，所以自信的人更容易取得成功。多数拖延者都属于不自信的人，所以在经历挫败之后容易灰心气馁，于是便让自己停留在心理舒适区尽情休息疗伤，而自信的人从来不愿浪费宝贵的时间，他们相信"天行健，君子以自强不息"，致力于使自己生命的每一分钟价值最大化。

身材矮小的拿破仑能横扫欧洲，改变世界格局，凭借的便是自信的力量。拿破仑可谓是世界上最矮的巨人，他的身高让他尴尬，可是他却用自己辉煌的战果和政绩重新奠定了人生的高度。他不但自己表现得十分自信，还致力于培养士兵的自信品格。有一次，他命令士兵到前线送情报，当时找不到可乘坐的交通工具，他便让士兵跨上自己的战马完成任务。

士兵看着元帅的那匹雄壮的骏马，说道："元帅，您的坐骑太高贵了，我只是一名士兵而已，我觉得自己不配骑它。"拿破仑说："在法国士兵眼里，没有一样东西会比自己更高贵。不要贬低自己的价值，要相信自己是最优秀的战士！"士兵听了这番话，才鼓足勇气跨上战马，飞快地赶往前线送情报去了。

士兵因为缺乏自信，连匹马都觉得自己不配骑，这样的人又怎么能赢得别人的信任呢？钢铁大王卡内基经常用一句箴言来鼓舞自己：我想赢，我一定能赢。凭借着强大的信心，他果真赢了。

如果你对自己没有信心，老板当然不放心把重要任务交给你，如果每次上司下达任务后，你都认为自己没有能力在规定期限内完成，强烈要求放宽期限，那么就会染上拖延的瘾，永远都不可能让自己产生紧迫感。很多拖延者从来都没有尝试过高效快捷地完成任务，因为他们觉得自己做不到，而不敢尝试便阻断了一切的可能。我们每个人都需要在自己心中播撒自信的种子，不断告诉自己"我能行，我可以"，而不是站在起跑线上的一刻就低头认输，那么，我们该如何培养自信心呢？

1. 不要总盯着自己的缺点和失败不放，要经常关注自己的优点和成就

每个人都有缺点，每个人也都有过失败的经历，自信的人致力

于弥补自身的缺陷,不断完善自我,从失败中窥探成功的蹊径,而自卑的人则会把自己贬低得一无是处,给自己贴上废物的标签。无论一个人经历过怎样的惨败,也无论他身上有多少缺点,都不可能找不出任何优点和成就。相信自己,你也有许多闪光点,也有过令自己自豪的时刻,从现在开始屏蔽所有的干扰,让记忆慢慢浮出水面,把最让自己有成就感的事情写下来,然后罗列自己的优点,至少要写出五个优点和五项成就,每天温习一遍其中的内容,对于提升自信效果显著。

2. 学会扬长避短,利用自己所长发挥优势

做事事半功倍的人不是因为无所不能,而是因为他懂得发挥自己的长处。我们都知道木桶效应的原理,最短的木板妨碍我们达成目的,所以弥补自己的不足是无可厚非的。可是补短是个漫长的过程,在这个长期目标没有实现时,我们不妨用避短的方式化不利为有利,避开自己的短处,同时去做自己最擅长的事,成功的概率就会倍增,随着成功经验的累积,我们的自信也会与日俱增。

3. 在行动前做好充分的准备

聪明的将领从不打无准备之仗,其目的是为了提高胜算。在从事某项活动之前,提前做好准备,比如知道自己不久要在会议上发言,可提前拟好发言稿,再比如与客户交涉前提前想好谈判的方向,准备充分,你才能对自己充满信心,推动结果向期望的方向发展,而这种积极的体验又可以反过来增强你的信心。

4. 多结交乐观自信的朋友

所谓"近朱者赤,近墨者黑",你身边的朋友无疑会对你的人格塑造产生潜移默化的影响。经常和悲观、不自信的人在一起,你也会染上颓废的气息,所以要多多结交心胸宽广、自信心强的朋友。在交往过程中,他们的谈吐和态度会在不知不觉中对你施加正面的影响,使你的心境豁然开朗起来,改变对自己的错误认知,渐渐地

从自卑走向自信。

5. 离开"心理舒适区"，不断挑战自我、超越自我

"心理舒适区"指的是人们熟悉和习惯的心理模式，在这种心理状态下，人的安全感比较高，不会感到焦虑和恐慌。逃避主义者惯于在心理舒适区中久留，因为这样就可以暂时远离压力，获得休憩和放松。拖延者无疑是经常进驻心理舒适区的常客，因为不愿走出来，拖延的时间越来越长，若要获得战胜拖延症的自信，就必须走出心理舒适区，正面迎接新的挑战，实现自我突破和自我超越。

拆除情绪炸弹，安全离开"拖延港"

性情再豁达的人也有闹情绪的时候，喜怒哀乐人皆有之，每个人都有情绪起伏不定的时候。白天，我们可以做到喜怒不形于色，可是到了晚上，摘掉理性的面具，各种错综复杂的微妙情感就会像潮水一样向我们涌来。伪装让我们身心疲惫，我们的内心世界，表面波澜不惊，心底却早已暗潮汹涌。拖延让我们比别人更忙，工作时间占据了自己的私人时间，工作和生活的平衡被打破，可是每天像蜜蜂一样忙碌仍忙不完公司下达的任务，辛辛苦苦加班却换不来任何工作成果，为此我们倍感失落，常常觉得自己空忙一场。

烦琐乏味的工作，使我们的感觉神经越来越麻木，不知为什么我们的精神经常游离于躯体之外，这是潜意识里的抗拒情绪吗？尽管一切的迹象表明我们已经进入了职业倦怠期，可是理性的大脑却无时无刻不在提醒我们，绝不能继续任性下去，要打起十二分的精神努力工作，可是我们的躯体却不听使唤了，眼睛不是盯着趣闻网页，就是被游戏吸引，手指不断地点击着鼠标，有时还会触碰几下手机。虽然这样做会让我们自责和内疚，有时我们会因为游戏人间而憎恨自己，进而产生强烈的挫败感，甚至用失败者来定义自己，

可是却总忍不住去做些自娱自乐的事,摆脱拖延症看起来似乎遥遥无期。

在我们陷入自我厌弃的消极情绪中时,也会忍不住为自己辩护,比如工作沉闷枯燥、人际关系不和谐等,这些客观原因当然属实,可是主观原因才是我们失职的根本原因。逃避真相并不能让我们获得更惬意更轻松的感受,反而使我们更加忐忑不安,因为我们看不到人生的意义,更不清楚如何从消沉的状态中走出来。

一位作家突然感到人生虚无,原因是他的创作灵感枯竭,生花妙笔锈蚀了,写作再也不能让他兴奋,文字和笔成了他无比痛恨的东西。"每天都在写字,这种生活简直乏味透了,这样度过一生,人生还有什么乐趣可言呢?"他整天昏昏沉沉,身体分外乏力,他认定自己病了,便请一位医生给自己诊断。医生给他做了身体检查,告诉他他的身体很健康,感到不适可能是情绪问题引起的,于是好心为他推荐了一位心理医生。

作家和心理医生见面了,心理医生给他提了一个建议,让他到孩提时自己最喜欢的地方度一天假,这是一次纯粹的精神之旅,整个过程都有严格的要求,比如他不能讲话、阅读、写作和听收音机,但是可以随意进食。心理医生又给他开了四张处方,告诉他分别在9点、12点、下午3点、下午6点打开阅读。

第二天,作家来到小时候经常玩耍的海滩,那就是他最喜欢的地方,他拆开了第一张处方,上面只有一行字:"仔细听。"他搞不懂医生是何用意,难道是希望他听三个小时海浪的声音,医生是不是疯了,简直不可理喻。他虽然心有疑惑,但仍打算遵照医嘱行事,于是平复心情,耐心地聆听四周的声音。起初他只能听到哗哗的海浪声和清脆的鸟叫声,没过多久他又听到了许多自己忽略掉的声音。这些声音似乎很陌生,但似乎又很耳熟,那是他童年时代才能听到的声音,长大以后他背负着太多的烦恼,耳朵也不如小时灵了,好多声音都听不到了，听着大自然的交响乐他似乎又回到了童年，心情逐渐平静下来。

到了中午，他马上拆开看第二张处方，上面写道："设法回头。"这是什么意思，是回首童年，还是追忆往昔的旧时光？他开始从遥远的记忆中搜寻逝去的快乐，设法还原每一个动人的细节，心头渐渐涌起温馨的感觉。到了下午3点，他拆开了第三张处方，上面写道："检讨你的过错。"起初，他不想忏悔，于是拼命为自己的各种行为辩护，不错他追求名利、爱慕虚荣，可是哪个作家不想出名呢？有点小小的虚荣心又有何不可呢？他不愿承认自己已被名缰利锁捆住，更不愿承认自己一次次拖稿是因为自己已经厌倦了写作。

后来经过一番心理挣扎，作家终于可以坦然面对自己的心，他在纸上写下了自己的感悟："生命里其实有许多遗失的美好，是自己太功利了，所以丧失了感知能力。生活固然是平淡的，同一份工作做久了自然也会感到厌倦，可是只要让自己的感官重新变得敏锐起来，一切都会大不一样。"

到了下午6点，作家拆开了最后一张处方，上面写道："把忧愁埋进沙子。"他用贝壳碎片在沙滩上写了自己的烦恼，便转身离开了，他知道当潮水涌上岸时，他留下的忧愁痕迹将消失得无影无踪。后来这位作家走出了自己的负面情绪，一直笔耕不辍，成了一名享誉世界的畅销书作家。

这个故事告诉我们，每个人都可能被负面情绪包围，被消极情绪困扰其实并不是多么可怕的事，只要静下心来，认真聆听自己内心的声音，就会明白自己真正想要追求的是什么。拖延者走不出负面情绪的困境，多半原因是他们对负面情绪采取了抑制或逃避的态度，有的人觉得自己的人生很失败，没有过上自己想要的生活，没有做成功一件事，甚至连最简单的工作都没有做好，好几次都没有经受住最后期限的考验，心里充满了失望和挫败感，可是却拼命压抑和逃避内心最真实的情绪，所以没办法从失控的状态中抽离出来。负面情绪是危险的定时炸弹，如果不及时拆除它，我们就不能走出拖延的避风港，那么我们该如何正确地处理自己的负面情绪呢？

1. 学会察觉自己的情绪变化

负面情绪来袭时通常是有征兆的，比如你感到紧张焦虑时，心跳会加快，手心会出汗，讲话会语无伦次；你感到灰心失望时，会整天无精打采，胸口会有巨石压顶的沉重感，胃口也会变差。事先察觉出情绪的征兆，有助于你掌控自己的情绪，尤其是负面情绪。

2. 写"情绪日记"，梳理坏情绪的源头

"情绪日记"是你的心情晴雨表，可以让你一目了然地了解自己的情绪动向，使你回忆起负面情绪产生的根源。通过记日记的方式，你可以顺利回想起自己在什么时候、什么状况下突然情绪失控，以及自己当时的反应，这些记录有助于你避免类似的情况再次发生，为你驱逐负面情绪提供蓝本。

3. 及时排解和释放自己的负面情绪

有什么不高兴的事情不要一个人闷在心里，负面情绪累积将会演变成一个潜在的"定时炸弹"，终有一天会给自己和他人带来伤害。心中有忧愁和烦恼时，可向朋友及时倾诉，以便使自己的情绪得到宣泄。还可通过其他方式，比如听舒缓优美的音乐、看一场精彩的电影或者做一项剧烈的运动等方式调整情绪，注意，要利用业余时间从事上述活动，不可利用工作时间去做，因为那会让你在拖延症的道路上越走越远。正确的做法是上班时正常工作，下班后通过各种业余活动调试情绪。

第六章

不向完美主义投降，
找回最初的自己

　　完美主义者忠于自己的理想，很少顾及现实。苛求只会带来失望，若在错误的道路上狂奔，更会彻底丧失自我。完美主义者要求自己完成不可能的任务，把自己的成果打磨得不见一丝瑕疵，可是残酷的现实不止一次让他们的愿望落空，于是他们沦为可悲的拖延者，在拖拖拉拉中回避由挫败带来的痛苦。

　　过度追求完美会离完美更远，因为无休止的焦虑和狂躁不安，一点小小的障碍，都能演变成心上的巨石。放弃完美主义，找回那个不完美但却真实的自己，不要害怕摘下完美的面具，那只是一个禁锢你灵魂的枷锁，扔掉之后你的笑容会更美。

对完美主义说 NO

哈佛大学心理学教授塔尔·班夏哈认为，完美主义者把人生想象成了一条笔直的公路，他们把所有的焦点都投放到结果上，对于过程漠不关心，如果结果不令他们满意，哪怕只是出现了一点小小的误差，他们都不能原谅自己，因为他们没有达到真正完美的境界。喜欢拖延的完美主义者，喜欢美化和包装自己的信念，用各种冠冕堂皇的说辞掩饰自己内心的脆弱。完美主义者看起来似乎很自负，有时还表现得咄咄逼人，其实他们很自卑，因为他们的目光总是停留在自身的瑕疵上，看不到自己的亮点，因此不能肯定自己，也习惯了否定世界。

为了证明自己的优秀和非同凡响，完美主义者总是逼自己树立超出自己能力的目标，在执行目标的过程中，他们屡屡暴露自己能力的不足，失望之余，他们允许自己通过拖延的方式退却。由于期望值过高，并且不切实际，完美主义者遭受打击的频次也要高于常人，受挫之后他们不可避免地陷入失望痛苦的情绪中，拖延便成了逃避痛苦的第一选择。

凯文是一位名校毕业的高才生，在应聘时他表现得非常出色，给面试官留下了良好的印象。因为口才不错，形象又佳，一家国际知名的大公司录用了他，他成了一名前途无量的销售员。同学们都对他赞不绝口，他对自己的未来也充满了信心。

进入销售部以后，凯文想用更加出彩的表现赢得上司的关注，可是他发现同事们个个都很优秀，自己并没有值得得意之处，这种想法让他很受伤，因为他对自己一向要求很高，每天都在渴望成为出类拔萃的精英。

凯文给自己制订了一份工作计划，要求自己务必把工作做得尽善尽美，由于他期望自己达到零失误的标准，连合理的误差都不允许出现，心理压力异常大。每次开会他都一言不发，从不参与同事的讨论，原因是他认为自己准备得不够充分，怕自己提出的观点或者方案不够完美。每当被上司问到自己的看法时，凯文都会说自己还没想好。上司觉得颇为奇怪："我不是已经提前告诉你们想出几套方案在会上讨论吗？"凯文说："我的方案还不成熟。""好吧，等你的方案出炉了，恐怕市场早就让别的公司占领了。"上司很不满意地说。

凯文除了追求工作整体的完美外，还纠结于细节的完美，比如做幻灯片时，他力图让字体的颜色和字号达到完美效果，为此浪费了大量的时间，由于时间紧迫，报告的内容远没有达到更高的水平。凯文害怕上司对自己失望，他怕自己把工作搞砸，于是开始整夜失眠。由于焦虑过度，他打电话给上司要求延迟演示自己的演讲报告，被断然拒绝了，上司给出的理由是工作是不该拖的，因为竞争对手不会给你更多的时间。结果做报告的前一天，凯文请了病假，他终于把做报告的时间延迟了三天。

完美主义者不允许自己表现平平，他们想把每一件事都做到极致，不但希望自己事业有成、交游广阔，还希望自己能写一手好字，有着动听的嗓音，举手投足尽显迷人风采。他们活在不真实的光环里，而现实经常戳破这种假象，为了缓解梦碎的痛苦，他们选择暂时麻痹自己的神经，拖延就成了最好的麻醉剂。因此战胜拖延症，必须克服完美主义情结，那么我们该如何战胜自己的完美主义呢？

1. 满足于实现目标的95％而非100％

对自己太过苛刻的学生期望自己每次考试都能得满分，即使考了95分他也会为失掉的5分而痛心，认为自己没考好。作家在完成一部优秀的作品时，会为了一点细枝末节的瑕疵而耿耿于怀，有的会将其付之一炬，多少没有传世的经典力作就这样化为了灰烬。无论做任何事情，想要获得 100％的满意几乎是不可能的，能达到 95％的满意就已经很不错了，所以不要对自己太过苛求，学会满足于实现目标的 95％而非 100％。

2. 要认识到世上没有人可以达到百分百的完美

哲学家柏拉图认为，我们所能感知到的现实世界很难找到绝对完美的东西，完美只存在于理想的世界中。完美只是人类的幻想和追求，它只存在于人类的精神世界里。绝世美人只是符合美学标准，可是她也没有绝对完美的脸庞和身材；精雕细琢的艺术作品只是无限接近于完美，可是它们仍存在微小的瑕疵；任何人都是不完美的，人类的劳动成果也不完美，不要要求自己把工作做得尽善尽美，因为那是不可能的。

3. 挑战自我批评的声音

当你对自己吹毛求疵时，就会对自己所做的每一件事情都感到不满意，脑海里时常响彻着自我批评的声音，这无疑是一种自毁的评价方式。此时你不要忙着为自己辩护，也不要和自己争吵，而要用理性的口吻问自己："我应该更加努力吗？我必须把所有的事情都做完美吗？这是不是过分的要求？"思考过后，把"应该"和"必须"从脑海里清除，重新定位自己的做事方式。

4. 不要试图让自己变成超人

无所不精的人是不存在的，事事精通不过是一个虚假的表象，有的人纵横多个领域，可是不是在每个领域都做到了极致。人皆有强项和弱项，没有突出弱点的人往往也缺乏耀目的闪光点，不要因为自己没有成为十全十美的超人而自卑，被人为包装和塑造出来的完美者，都是高大全的伪装者，这样的人远不如有缺点的普通人可爱。

5. 学会享受过程，而不是执着于结果

结果固然重要，但只专注于结果就会丧失做事的乐趣。这就好比你在品尝一块美味的蛋糕，最终结果不过是有了饱腹之感，而品尝的过程才是一种至上的享受。同理，从工作中获得乐趣比最终结果更为重要，不要执着于结果，试着感受步步为营的快乐，认清自己在具体的工作中学到了什么，都取得了哪些进步，让整个过程变得富有意义，而不是作为一个毫无价值的过场。

残缺也是一种美

车尔尼雪夫斯基说："既然太阳也有黑点，人世间的事情就不可能没有缺陷。"霍金也说，不完美是宇宙间的基本定律。那么我们人类为什么要执着地追求完美呢？真实的世界，缺憾无处不在，阳光普照大地，必然有阴影的存在，我们不可能完全消灭瑕疵，万事万物都有它存在的合理性。

完美主义者追求没有缺憾的完满人生，岂不知连童话故事都没有忽略各种不完美的因素，辛德瑞拉在华丽变身之前，只是一个孤苦无依的灰姑娘，靠着魔法的帮助才有了南瓜马车和水晶鞋。完美的故事是无比乏味的，人生也是如此，如果你的成长经历没有任何曲折，那么你不可能在失去中学会珍惜，也不可能明白生命中的点滴幸福都是一种恩赐。

史铁生说："我常以为是丑女造就了美人，我常以为是愚氓举出了智者，我常以为是懦夫衬照了英雄，我常以为是众生度化了佛祖。"是瑕疵造就了永恒的完美，它使世间万物，包括我们人类呈现出了万千百态的差别，让美好的事物大放异彩，所以可以毫不夸张地说，不完美的世界比完美本身更为合理，因为残缺其实也是一种美。

有这样一则故事：有个人偶然拾到了一颗硕大的珍珠，它光彩夺目、剔透美丽，可惜上面有个小小的瑕点，他觉得非常遗憾，于是就想如果能把这个瑕点去掉就好了，这样珍珠就变得完美无瑕了。他开始用工具刮磨珍珠表面，刮掉了一层珠粉，瑕点还在，他狠狠心又刮去了一层，瑕点还是没有被刮掉。他不甘心，刮去了一层又一层，终于把瑕点除去了，而珍珠也不复存在了。这个人由于伤心过度卧病不起，弥留之际懊悔地对家人说："如果不介意上面的那个小小的瑕点，我现在手里还有一颗又大又美丽的珍珠啊！"

其实我们每个人手里都攥着一颗美丽硕大的珍珠，只是我们对上面的瑕点太过计较，以致遗失了它。事实上，只有在不完美中我们才能找准自己的人生定位，我们常常把时间浪费在去除珍珠瑕点上，却忽略了缺憾本身的价值。当我们幻想着把手中的工作打磨成巧夺天工的艺术品时，就已经陷入了完美主义的误区。我们在珍珠的瑕点上耽搁了多少时间，错过了多少机遇，又延误了多少工作？其实瑕点本是珍珠的一部分，如果能够善加利用，它也能为我们的人生添加亮色。

有一个孩子，在读中学时，父母希望他能成为一个文学家，于是开始为他铺设文学的道路，他用功地学习写作，一个学期之后，老师为他写下了这样的评语：该生学习用功，但过分拘泥、刻板，这样的人即使有着无可指摘的完美品德，也不可能在文学上有任何造诣。父母知道孩子不是当大文豪的料，就让他改学油画，可是他根本没有绘画才能，构图能力差，对色彩也没有强烈的感知能力，对艺术简直一窍不通，他的成绩在班级排在最末，学校给出的评语更为尖酸刻薄：该生在绘画艺术方面不可造就。被评为不可雕的朽木之后，很多老师都认为他不可能成才，不愿再培养他。

后来一位化学老师对他做出了另一番评价，化学老师认为对其他行业来说，拘泥和死板无疑是很大的缺点，可是在化学领域，需要的正是这种一丝不苟的精神，所以建议他学习化学，父母同意了老师的建议。他好像立刻找到了属于自己的舞台，化学成绩在班级一直名列前茅，后来凭借着在科学界做出的杰出贡献他还荣获了诺贝尔化学奖。这个有传奇成长经历的孩子就是大名鼎鼎的化学家奥托·瓦拉赫。

在文学和艺术领域不可造就的奥托·瓦拉赫，后来成了前程远大的化学天才，他还是原来的他，只是对待自己的看法改变了。这说明以宽容的心态看待不完美，可以使我们走得更远。缺憾和不完美是生命的常态，那么我们应该怎样才能做到完全接纳自己的不完美呢？

1. 不要以非黑即白的眼光看待问题

完美主义者看待问题比较极端，总是用非黑即白的眼光观察世界，看不到过渡的中间地带。所以只要稍有一点偏离他们设定的绝对标准，他们就会采取全盘否定的态度。比如完美主义者要求地板绝对干净，脑海里没有比较干净和有点干净的梯度，只要没有达到一尘不染的标准就是绝对肮脏。对待工作也是一样，只有绝对的好和绝对的坏，存在一点偏差哪怕是合理范围内的误差，即使上司和老板不计较，他们也感到难以忍受。为了让误差降到零，他们坚持慢工出细活，当然拖延就成了家常便饭。

完美主义者要克服完美主义情结，必须放下非黑即白的执念，看到事物的灰色过渡地带，允许自己不在两极化方向游走，能平静地接受自己有可能在工作中失误的事实，不再惧怕暴露自身的瑕疵，以一种更为轻松的状态融入工作。

2. 运用自我同情的方式接纳自己

如果你有一个好友，并不是一个十全十美的人，他没有出众的外貌，也没有显赫的社会地位，工作能力也不突出，为此他感到很伤心、很沮丧，你会对他说些什么呢？难道会说你不是精英，方方面面都不完美，应该感到羞愧吗？当然不会，你可能会对他说，没有关系，你不需要出类拔萃、处处高人一等，事实上你有很多可爱之处。那么就把这个好友换成你自己吧，学会同情正经历挫败的自己，以友善的态度与自己和平共处，从内心深处接纳自己。

3. 学会激励自己，而非谴责自己

绝大多数的人都喜欢在成功的时候犒赏自己，在失败的时候谴责自己。很多拖延者一边愤怒地辱骂着自己，一边拖延着，这样做对改善自己的拖延行为毫无益处。有的人还会把拖延症看成自身的一种重大瑕疵，并为此深感不安，还有的人将其上升为道德问题，认为拖延工作使自己的个人品格变得不完美，由此更加内疚和自责。

谴责在一定程度上能释放身体的负能量，但也会带来压力和自毁情绪，事实上，自我谴责不能使我们变得更完美，它只会使我们无法振作，让我们没有精力去招架由拖延带来的各种麻烦和问题。如果我们对自己采取与之相反的态度，学会激励自己和爱护自己，反而有助于我们弥补工作中存在的种种不足，成为更优秀的自己。

你不可能尽善尽美

在工作中，人们常把追求完美奉为美德，将其理解为敬业精神的一部分，我们经常被鼓励做到100%的完美，甚至120%的超完美，哪怕这在数学上是不成立的。可是追求完美真的值得推崇吗？它真是一种美德吗？答案是不尽然。格雷厄姆·奥尔科特在《如何成为高效人士》一书中指出，人们看待工作的方式通常是错误的，他们更关注自己做的事情，而不考虑这些事情会产生什么影响。也就是说完美主义者关注的只是"完美"本身，而不是工作，这和人的品格及敬业精神没有多大关系，因此对于那些不追求完美的人来说，根本没有必要感到羞愧。

在职场上，眼里容不得半点沙子的完美主义者，对细节孜孜以求，用精益求精的理念来包装自己的偏执，经常用为了奉献精品的借口来拖延工作，这样的工作态度应该被标榜吗？显然不是的。拖延本身会带来低效，而为了赶时间仓促赶工又会造成工作品质的降低，这样的工作会给自己的职业发展带来好处吗？答案是不言自明的。

董颜初涉职场时只是一个懵懂无知的女孩，8年之后她蜕变成了一个目光犀利、要求苛刻、做事追求尽善尽美的高级总监，她要求自己的工作一定要做到极致，不可有一点差池。回顾往昔，她甚至有点感谢那些摸爬滚打的痛苦经历，当初如果不是她以超高标准要求自己，如今也不能脱颖而出。

如果董颜一直能保持良好的工作状态，未来极有可能成为公司的中流砥柱，老板曾经许诺如果她能继续努力，就会将她提拔为执行副总裁。对于刚刚踏入三十大关的董颜来说，这个机会太重要了。她暗暗下决心一定不能让老板对自己失望，并多次告诫自己千万不能犯任何错误，每天神经都绷得紧紧的。

董颜很快成了十足的工作狂，把全部精力都投放到了工作上，她变得更加挑剔，工作中出现一点无关紧要的错误都会牵动她的神经，她的情绪起伏不定，时常烦躁，莫名感到压抑，整天面如冰霜。公司的氛围在她的影响下也变得压抑和沉闷，下属几乎不敢和她沟通，工作进展得很不顺利。在老板的授意下，董颜经常要调整部门的工作，每一次调整都有可能影响工作的最终成果，她越发不能容忍自己出现细节方面的错误。下属私下里说她是"工作狂"，还给她取了"冷面总监"的绰号，她当然对这样的评价很不满意。可是她不能放松对自己和对下属的要求，追求的就是零差错率的工作品质。

为了当一个好领导，董颜经常检查下属的工作，有时还手把手地指导他们做事。她就像一个上足了发条的机器，运转起来就没办法停下来，每天都累得精疲力竭。她总是对自己说："成败在此一举，我绝不能把事情搞砸。"结果她在工作上反而状况连连，越是揪着完美的执念不放，越是错误频出。她知道这是拖延症在作怪，因为害怕犯错，担心细节上的瑕疵破坏了工作整体的完美性，她总是把时间浪费在无意义的事情上，重要的工作拖到最后才做，之后因为着急在最后期限内完工，就慌慌张张、急急忙忙地赶工，在这样的精神状态下工作当然容易出纰漏。

老板对董颜的工作表现很失望，晋升的事泡汤了，董颜的身体也开始亮起了红灯，她经常失眠，出现了肠胃问题，由于身体欠佳，她不得不休长假。休息 3 个月后，她返回了工作岗位，发现自己的办公室已经有了新总监。老板最终决定对她进行降职处理。

许多人觉得戒除完美主义很困难，因为在他们的脑海中，交出完美成果是自己必须要做到的。商业心理学家卡伦·莫洛尼曾经这样描述过他们的心理状态："完美是他们对自己的要求，让不完美的东西从自己手中出去，有损他们的职业自豪感。"他们就是因为执迷于职业自豪感而使自己陷入了拖延症的旋涡，从而导致失职，这反过来降低了他们的职业自豪感，这多少有点讽刺的意味。其实有时候，你越是拼命想抓住什么，越是会更快地失去它。追求完美的结果就是使自己的工作瑕疵更多。那么对于完美主义拖延者来说，该怎样纠正自己的心态呢？

1. 不求尽善尽美，但求无愧于心

不要因为没有把工作做到尽善尽美而责怪自己，每个人的能力都有局限性，你不可能面面俱到。只要尽心尽力地做好自己的本职工作，真正做到无愧于心就可以了，没有必要太过苛求自己。要知道在各大领域最杰出的重量级人物，也没有达到绝对完美的境界，他们自身并非完美无缺，所做的工作同样存在瑕疵和不足，而你的能力和智慧并没有超越他们，那么为什么逼自己比他们更完美呢？

记住，全心全意地做好自己该做的事比追求虚无缥缈的完美更有价值。

2. 把注意力集中在工作需要上，而非完美成果上

你需要扪心自问努力工作是为了什么，是为了体验完美的感觉，证明自己比所有人优秀，还是为了创造价值？工作虽然能给人带来成就感，但它存在的根本意义是为了能为社会贡献价值。工作本身不需要绝对的完美，完美不过是人一厢情愿的执念。作为一个社会人来说，怎样才能算得上是个合格的工作者呢？把本职工作做到位，及时交出自己的工作成果，而不是被完美羁绊住，拖拖拉拉之后交出仓促完工的粗糙作品。

3. 将截止时间提前，逼迫自己改变工作态度

完美主义拖延者总是在最后期限来临时才动工，这样做无疑会延误工作，如果预设一个截止时间，逼迫自己提前完成任务，那么心态就会大不一样。当你没有那么多时间在细枝末节上耗时，便会迫使自己提高效率，对于完美的偏执观念便会慢慢减弱。试想一下，如果再过几天你就要交出自己的工作成果，你会怎样安排自己的工作，还会坚持为了追求完美而继续拖沓下去吗？如果不是，你又能对自己的工作做出哪些改善？要知道做一个称职的劳动者要比做一个扛着完美主义大旗的拖延者靠谱得多。

完成比完美更重要

我们经常可以看到一些天赋极高的人，总是雄心万丈地宣布要执行一个新计划，然而却鲜少能完成这个计划，原因便在于他们因为自己达不到完美的标准，而感到厌烦、灰心、沮丧，于是选择默默放弃。因此他们留下了很多令人遗憾的半成品，我们无法想象如果他们能顺利完工将取得多么了不起的成就。

　　"完成胜过完美"是一句很好的格言，完成是完美的先决条件，没有完成何谈完美？为了追求完美而半途而废，或者在截止期限奉上半成品的人，把两者的关系本末倒置了，这就好比你要建造一座大楼，目的在于建成一栋可以投入使用的标准建筑，倘若你过分拘泥于细节，试图完美地装饰尚未完工的楼宇，导致在规定期限内大楼还不能正常入住，这不是舍本逐末吗？

　　完美主义拖延者事事追求完美，不做好周全的计划，决不肯迈出一步，即使有了全备的计划，又因为担心自己达不到预期的标准，而以没准备好为由拖延工作，手里积压了很多待处理的工作，就是迟迟不愿行动，结果便是一事无成。

　　雪莉在夏初时想学游泳，由于对游泳一无所知，她在网络上查找了大量相关信息，通过论坛的帖子总算明白了如何为自己挑选合适的游泳装备，然后她一连几天都在淘宝上浏览游泳装备的商品信息，终于买全了泳衣、泳镜、救生圈等装备。随后她观看了一些有关游泳教学的视频，自己尝试着模仿游泳的姿势。

　　为了找到合适的训练班学习专业的游泳技能，她跑遍了自己附近的游泳馆了解情况，反复权衡比较各个游泳馆的规模、课程、教学水平及基础设施，等到她完全准备充分了，可以正式学习游泳时，夏天已经过去了，秋初时节游泳池的水温太凉，已经不适合游泳了。雪莉用了一整个夏天为游泳积极做准备，却不曾下过一次水，那些游泳装备不曾派上过用场，直接被锁进了衣柜，而她本人仍旧不会游泳。

　　列宁曾经说过："要学会游泳，就必须下水。"为什么雪莉如此迫切地想学游泳，却迟迟不肯下水呢？这是她内心的完美主义情结导致的，由于过度追求完美，她一再拖延了学习游泳的计划。这个故事告诉我们，行动与完成比完美更重要。不停地完善计划却永远也无法完成的人应该引以为戒，一位设计师说，接近成功的关键就是要坚持完成你的计划。是的，没有起点就没有终点，没有过程也不可能有结果，完成是把计划转化成现实的关键，而完美不过是一种情愫，没有完成的东西本身就不能称之为完美，为了追求完美而将计划束之高阁，或者导致计划不能如期完成是非常不明智的，如果完成与完美就像鱼与熊掌一样不可兼得，那么你首先应该学会割舍完美。

有一位年轻人在计算机方面有专长，被公司选派参加由全国计算机协会举办的"希望之星"活动。年轻人得知自己被公司选中后，感到非常荣耀。还有 6 天就要参加面试了，他为了让自己表现得更出色一些，拟定了为期一周的准备计划。

头两天他利用业余时间搜集了长达数百页的资料，又花了一个晚上的时间将资料分类整理好并打印了出来。第四天晚上他参加了公司临时安排的会议，没有挤出时间来翻看备考资料。第五天晚上，他跟女朋友约会去了，享受了一番花前月下的浪漫，备好的计划又被延迟了一天。第六天晚上，就是面试前的最后一天了，他终于腾出时间来好好备考了，可是看到桌子上足有几百页厚的资料，他吓得呆住了，这么多的资料怎么可能一晚上看完？

这个年轻人在面试前夕废寝忘食地备战，花了一晚上的时间也只看完了三分之二的资料内容，因为缺乏睡眠，他精神状态看起来非常糟糕。经朋友提醒他才想起为做自我介绍做准备，第二天早上他匆匆写了一篇草稿，面试时他发挥失常，回答得语无伦次，最后落选了。

有的人在接受一份新的工作任务或者得到一个展现自我的机会时，感到无比兴奋，希望自己有一鸣惊人的表现，每天都在为达到完美的效果而思考和计划着，时间就这样一天天流逝了，拖到临近最后期限才慌忙动手去做，结果完美的方案却不能被完美地实施，甚至连按时完成都难以保证，这就是极端的完美主义导致的后果。

那么我们应该怎样克服完美主义情结，保证任务的顺利完成呢？

1. 采取先完成再完美的做事步骤

把完成当成做事的首要目标，有效利用时间，务必保证工作任务的完成，利用剩余时间检查工作疏漏、修正不完美之处。整个过程就好比完成一篇稿子，首要任务是一气呵成，保证按时把稿子写完，其次才是精雕细琢，修改部分不当的遣词造句，如果把顺序颠倒过来，没完没了地纠结于细枝末节，反反复复修改，根本无法保证稿件的完成，没有写完的稿子根本算不上文章，更谈不上发表了。工作也是一样，没有完工的工作，就等于没有成果，那么你所付出的一切努力都是没有价值的。而先完成再完美的做事风格将会使你获得一个相对满意的结果。

2. 不要过于钻牛角尖，停止纠结细节

有的人在接手一个大项目后，因为经常纠结于细节，导致项目延期，给个人信誉和公司带来了双重损失，这是多么不值得啊。有些细节是无关紧要的，它们对目标的实施并不会产生太大影响，为了细节上的完美而拖延项目的进度是不可取的，你必须学会站在全局的角度来考虑问题，舍弃不重要的细节，保证整体利益。

3. 预估完成时间，合理分配工作任务

在执行任务的过程中，总会发生一些无法预估的突发事件，面对这种情况，你要有完全的准备，把不可控因素包含在自己的计划之中，重新评估完成工作的时间。创建一份待办事项清单，预计完成时间，把所有事项所需时间累计相加，再加上处理意外事件所要花费的时间，合理分配工作任务，确保工作如期完成。处理突发事件的时间需要根据以往的经验而定，如果所花费的时间过长，就必须在一定程度上舍弃对完美的追求，因为时间不允许你纠结于完美。

犯错不可怕，可怕的是错上加错

完美是一种"乌托邦式"的假象，世上没有绝对完美的人，而不完美的人就会犯错误。避免犯错的方式只有一个，那就是什么也不做，把该做的事情无限期地拖延下去。如果你是彻头彻尾的完美主义者，那么你就很有可能是个不折不扣的拖延者，拖延是因为害怕犯错，可是你又能拖到什么时候呢？无论你是否喜欢，该面对的始终要面对，客观世界是不以人的意志为转移的。

人不犯错，就不会真正长大，这就好比小孩子拒绝跌跤就不可能学会走路一样。犯错并没有你想象中的那么可怕，可怕的是你没有正视错误的勇气，错失了亡羊补牢的机会，这无异于错上加错。不要以追求完美的名义苛刻地对待自己，更不要打着反省的旗号讨伐自己，每个人都有不足之处，每个人都会犯错，你没有必要过分夸大自己的弱点，因为这样做会让你在自卑的道路上越走越远。因为完美主义，你变得极端、死板和教条，为了避免一切错误，时时刻刻如履薄冰，由不敢作为到不作为，将重要的工作一拖再拖，把生命都浪费在了关注错误和缺点上了。为什么一定要这样做呢？要知道人只有容忍自己的错误，才能成长和进步，并在完善自我的过程中走向卓越。

美国石油大亨洛克菲勒的助手贝特福特，有一次因为经营失误使公司在南美的投资损失了 40%，那可是一笔巨大的款项，作为项目的重要负责人，贝特福特难辞其咎，他准备好了接受最严厉的斥责和最严肃的处分。可是洛克菲勒非但没有责怪他，反而拍着他的肩膀说："全靠你经营有方，公司才保全了那么多的投资，你干得非常出色，已经大大超出了我的预料。"贝特福特犯下大错后，没有受到批评反而受到赞扬，他很快对自己的过失释然了，试图用更好的表现来报答洛克菲勒的信任，后来他为公司屡创佳绩，成了公司的中坚人物。

贝特福特能成为洛克菲勒公司的精英骨干，固然和洛克菲勒的鼓励有关，还有一个极为重要的原因是他对待错误的正确态度。作为完美主义者，你是否总被过往的错误拖住，没有勇气继续前进了呢？由于觉得自己可能再次犯下错误，不想再冒一次险，于是变得优柔寡断、拖拖拉拉，工作效率远不如不追求完美的人。

程珊珊在大四时有幸进入一家名企实习，由于缺乏工作经验，她感到底气不足，非常害怕犯错，可是作为一个职场新人，犯错是不可避免的，她为此十分纠结。每天上班，她都感到提心吊胆，努力做好每一件事情，希望自己能快速适应环境，把工作做好。由于效率和完美不可兼得，她做事总是比同事慢半拍，却比同事更忙碌，整天都锁着眉头埋头工作。每次工作任务截止那天，同事们都完成了自己的分内工作，只有程珊珊因为办事拖拉而耽误了进程。

就这样坚持了3个月，有一天上司突然让程珊珊下班留下谈话。程珊珊忐忑不安地来到了上司的会议室，上司开门见山地说从下个星期开始她不用再来上班了。程珊珊默默地办理了离职手续，然后离开了公司。此后她不断反省自己的表现，认定自己一定是犯下了不可原谅的错误才被辞退的。这次被解雇的经历给她带来了沉重的心理阴影，后来她又得到了到世界五百强公司实习的机会，尽管总被老板称赞，可她还是无法对过去的经历彻底释怀。她每天都向自己强调绝不能犯错误，生怕自己没有把工作做得足够完美，恐惧与日俱增，拖延症越来越严重。

完美主义会给人带来无尽的痛苦，固执地坚持对错误零容忍的完美主义，你便无法改变拖延的态度。犯错究竟有多糟糕呢？会比收拾拖延的烂摊子还糟吗？当然不会。人在错误中才能成长起来，漫漫人生，我们总会不经意地犯下这样或那样的错误。法国作家巴尔扎克曾经说过："人注定是会犯错误的，如果不在年轻的时候犯，就会在年老的时候犯。"在年轻时犯错误当然比在年老时犯错要好得多，年轻时犯错你还有很多弥补的机会，这段不那么愉快的经历还可以让你日后少走弯路，可是年老时再犯错你便再无翻盘的机会。既然你不能做到不犯错误，那么就应该勇敢面对错误，那么如何对待错误才有助于逃脱完美主义的桎梏呢？

1. 犯错之后不要过分自责

所谓"人非圣贤孰能无过"，事实上，即使是圣贤也都有过过错，不过圣贤明白"知错能改，善莫大焉"的道理，而完美主义者却没有把心思放在补过上，而是把精力都浪费在了自责和悔恨上。自责虽然有助于悔悟，但凡事都要有限度，过分自责对改变局势没有任何帮助，反而会加剧自己的拖延，使事情变得更加糟糕。所以犯错之后适度的反省是必要的，但切忌让自己陷入无休止的自责当中，不要用一种绝对的完美主义态度来苛责自己，错误已经发生了，你不可能改变这件事情，在关键时刻，记住亡羊补牢比一千次忏悔要实用得多。

2. 一定要从错误中吸取教训

犯错之后选择逃避或拖延，只能使自己越陷越深。犯错不见得就一定是坏事，如能从错误中吸取教训，就能使自己避免日后再犯同类的错误。记住，不要让自己在同一个地点跌倒两次，否则上次的跌倒就毫无意义。不要反复犯低级错误，而要从错误中收获经验，探索出正确的道路来。

3. 把犯错误当成学习的机会

认识错误，有助于你了解自身的不足和调整自己的行为。假如你害怕做错事而什么都不敢尝试，并不代表你就成了没有缺陷的完人，而是你把自己的弱点和缺陷隐藏起来了，这样做不利于你弥补自身的不足，也不能使你把事情做得更加漂亮。谁也不能完全避免犯错，不要把错误看成一场灾难，而要把它视为学习的机会，通过犯错你能学到很多东西，通过弥补过错你可以得到更为满意的结果。错误也是有价值的，正确对待它，你将受益无穷。

4. 不要夸大错误的严重性

你畏惧错误，是因为你把"一旦犯错全盘皆输"奉为真理，这明显有些夸大其词了。一个无关痛痒的小错误是不可能毁掉一个整体的，这就好比你在画一只漂亮的鸟，手一抖有一根羽毛没有画好，这无碍于整体的审美，毕竟羽翼丰满的鸟还是那么栩栩如生，那根不完美的羽毛早被其他的羽毛所遮盖，没有人会留意到。

有的人把犯错误想象成世界末日，似乎一旦自己犯下错误就会立即大祸临头，这种想法太过偏颇了。有的人觉得自己犯错会激怒别人或者导致自己出局，这只是一种消极的预测，并没有事实依据，所以不要去做什么预言家，更不要把想象当成现实，而要用一种更为客观的态度来看待错误。

争强好胜并非强者姿态

从小到大，我们都被鼓励力争上游、勇夺第一，于是超越别人就成了我们奋斗的目标。争强好胜普遍被视为是一种有上进心的表现，然而事实却并非如此，它只是一种变相的完美主义。我们每个人都希望自己某些方面与众不同，但是却不一定在各方面都出类拔萃，憧憬事事完美是一种虚妄。

绝大多数完美主义者都求胜心切，急于向别人证明自己是最好的，脑海里总有一个挥之不去的声音："你一定要做人上人，让所有的人都佩服和羡慕，否则你就一无是处。"由于把名誉看得比生命更重，时刻想着迈向辉煌的巅峰，不达到登峰造极的境界誓不罢休，所以，完美主义者会活得很辛苦，而且总是患得患失，在彷徨无助时便会用拖延来减压。即使一时得胜也不能让他们感到轻松，因为他们害怕在下一次竞争中败给别人。为了确保万无一失，他们在准备工作中消耗了大量的时间，而真正有意义的工作却被弃之不顾。

陶婧在同龄孩子还在父母怀里撒娇的时候，就开始懂得和别人比较了。她希望自己打扮得像小公主一样漂亮，糖要比别的小朋友多，玩具要比别的小朋友贵。上小学一年级时，她和同学比记忆力，那时她能准确说出中国每一个省份的名字，背诵课文也总是能倒背如流，三年级时她每次考试都是全班第一，父母为她感到骄傲，老师也经常表扬她。

上初中后，陶婧的好胜心越来越强，她凡事追求完美，恨不得在各方面都拿第一，除了有着漂亮的成绩单外，她还勤奋练习下象棋，最终在学校的象棋比赛中夺得第一。此外，她还热衷于各项体育运动，在游泳、乒乓球、羽毛球等方面都设法超越同龄人，为了达到这个目标，她付出了常人无法想象的努力。

长大工作后陶婧发现自己已经被完美主义的铁枷牢牢禁锢住了。为了让自己成为别人眼中的万事通，她利用业余时间疯狂地学习哲学、心理学、外语和口才，可是后来她终于明白自己不可能在任何方面都超越常人。她感到力不从心，工作效率不断下滑，一种沉重的失落感压得她透不过气来，她变得更加焦虑不安，也更为急功近利，越发不能沉下心来有条不紊地工作，经常一件事情还未做完，她就筹划着做别的事情，把重要的工作经常拖到最后才做。

陶婧越觉得某项工作对自己意义重大，越是拖延，她不能容忍自己在最看重的领域里翻船，更不能输给别人。她也想过冲脱完美主义的牢笼，可是这种观念已经在她心里根深蒂固了，她彻底迷失了，找不到人生的方向，失去了自我，才华、灵气和斗志被拖延症一点点侵蚀，剩下的只是一具疲惫不堪的躯壳。

完美主义者从小到大都头顶光环，他们有着优异的成绩，并且多才多艺、乖巧懂事，一直被奉为同龄人的榜样。步入工作他们努力维系着自己完美的形象，对自己的期望也越来越高，希望在任何方面都有出色的表现。在他们眼里做任何一件事情都要做到最好，否则还不如不做。可是天外有天，人上有人，在这个世界上，总有人比他们更聪明更出众，冠军只有一个，于是他们非常害怕被比下去，为了保住第一的宝座，他们拼尽了全力，在巨大的压力面前，只能用拖延来掩饰自己的慌张和恐惧，这种表现显然不属于强者姿态。真正的强者未必是什么世界冠军，但是一定有从容的态度和潇洒的风姿，而争强好胜无疑是完美主义拖延者的弊病，若要摆脱拖延症，必须克服这种消极心理，那么具体该怎样做呢？

1. 做最好的自己，不要总和别人比

你就是你，无论是不是冠军，你都应该做最好的自己，关注自己的想法和正在做的事情，努力实现自己的人生目标，不要把战胜别人当成自己的终极追求，这样才能避免完美主义情结。你的目标不是为了成为天下第一，而是为了实现自我价值，别人的成绩不是你要射中的标靶，你自己的进步比什么都重要，适度地放弃功利思想，你也许能发挥出更高的水平。

2. 坦然承认自己在某些方面不如别人

尺有所短，寸有所长，你不可能事事都走在别人前面，在有些方面也许你确实强于他人，可是这并不代表你事事都强于别人。妄自尊大是一种盲目的骄傲，而一旦有强劲的对手超过了你，你极有可能变得妄自菲薄，无论拖延多久来回避事实，都有可能恢复不了往昔的锐气。一定要客观地认识自己的长处和短处，现实地衡量自己的能力，坦然承认自己在某些方面不如别人，理性地为自己重新找到合适的人生坐标，放弃逞一时之强的莽夫行为，让自己的内心获得真正的平静与安宁。

3. 树立正确的竞争意识

克服争强好胜的心理，并不意味着要排斥所有的竞争。不可否认的是，良性的竞争是催人进步的动力，而没有竞争的生活则会使人昏昏欲睡。竞争是一把双刃剑，既有建设性作用又有破坏性作用，只有树立正确的竞争意识才能发挥竞争的建设性作用，消除其破坏性的影响。树立科学的竞争意识就要避免过度竞争和恶性竞争，如果发现别人在某些方面确实做得更好，就应该积极向别人学习，而不应该强逼自己超越对方或者不择手段地战胜对方。

4. 提高心理素质，以健康的心态面对生活

完美主义者在冠军宝座易位后，容易产生忌妒心理，这种不健康的心态会使人变得心胸狭隘、自私自利、敏感自卑，从而陷入拖延症的泥潭无法自拔。所以完美主义者必须提高自身的心理素质，不要认为输给了别人就被全世界遗弃了，在这个世界上还有很多值得你珍惜的东西，你不需要以战胜别人的方式来证明自己，就算你不再是最优秀的那个人，你仍拥有闪闪发亮的自己。每朵花都有属于自己的独特芬芳，每个人都有属于自己的独特标签，你无须成为万王之王，简单、快乐、开开心心做真实的自己就好。

不要用别人的标尺来衡量自己的价值

我们常常通过别人的投射来寻找自己的影像，诚然以人为镜，能在一定程度上窥见自己的形象，可是千万不要忘记了，任何一面镜子都不是绝对平整光滑的，更何况人根本做不了不带感情色彩的镜子。那么我们透过别人来评价自己，和在哈哈镜面前看自己有什么不同呢？我们越追求完美，就越在乎别人对我们的评价，因为我们不希望成为孤芳自赏的傻瓜，一心想成为符合大众审美的模范，为了达成这个目的我们不惜削足适履讨好别人，完全不顾自身的疼痛与不适。

因为总拿别人的标尺来衡量自己的价值，我们对别人的评头论

足就会变得十分敏感，为了让周围所有人都能给予自己正面的评价，我们往往在最在意的事情上苛求完美，因为苛求而一再拖延。比如我们在负责设计一个网站时，由于非常在意上司、老板和同事的评价，就力求把网页做得几近完美，本来设计一个网站应该是一项简单的任务，但是因为我们太怕别人给自己差评了，于是把一件简单的事情变成了一项巨大的工程，肩上的负担立即成倍增长，在不堪重负时，我们只好把这项工作暂时放缓执行，然后考虑什么时候重新投入设计工作。这就是自己的行动被外界评价所左右的典型例子。活在别人的评价里，我们就会身不由己，即便轻而易举可以做到的事情也会延迟再做，生怕别人从鸡蛋里挑出骨头，别人的几句负面言论就会给我们带来巨大的杀伤力。为了追求别人眼中的完美，不惜去做被人操控的棋子，这是多么可悲的事情啊！

赵恒非常在意别人对自己的看法，他把所有和自己接触的人都看作了法官，而自己扮演着被告的角色，只有别人宣判他无罪时他才能感到放松。在工作中，他无论和同事还是和上司相处都分外紧张，别人不经意的一个眼神都能被解读成一种不满的信号。他尝试过讨好所有人，后来发现自己无论怎么妥协都不可能让每个人感到满意，通常情况下，他刚刚获得了一些人的好感，紧接着就莫名得罪了另一些人，他渐渐意识到赢得所有人的正面评价几乎是不可能的。

赵恒是一个地地道道的完美主义者，他致力于保持绝对完美的形象，想要人人对自己交口称赞，成为上司的得力下属、同事眼里的老好人，可是事与愿违，总有些同事看不惯他的委曲求全，上司也对他的工作指指点点，这让他很苦恼。小时候父亲对他要求很严格，总对他说："你这样不长进，别人该怎样看你呀！"由于承受不了别人的否定，他想尽了方法去取悦别人。对于同事他有求必应，经常包揽额外工作，导致自己的分内工作被拖延执行。就算没有人求他帮忙，他做工作也总是拖拖拉拉的，主要原因在于他怕上司苛责和否定自己，为了达到完美的标准，只能缓速前进，可是拖延的结果却是遭到了更多的批评和否定。

赵恒的内心世界几乎每天都阴云密布，可是他却经常对别人笑脸相迎，有时候他觉得太累了，很想逃离自己熟悉的世界，可是他知道无论走到哪里，都逃不出完美主义的手掌心，他的生命似乎天生是以别人为重心的，自己的生杀大权掌握在别人的口中，这让他感到很无奈。

在完美主义者看来，一个人的价值取决于别人对自己成功的认可，而获得外界认可的通行证就是把所有事情做得尽善尽美，越重要的事情越要做得出彩，因为它能起到压轴的效果，所以完美主义拖延者通常喜欢把最重要的事情拖到最后才做，这是压力使然，也是一种逃避的反映。可是逃避和拖延并不能解决问题，你能逃得了一时却逃不了一世。不要为了逃避负面评价而"被完美"，而要学会但丁的超然态度"走自己的路，让别人说去吧"。如果你能成为一个善泳者，就不可能被口水淹死；如果你能肯定自己的价值，就不需要借助别人的喝彩来走上人生的舞台。你是自己生命的主宰，而不是被别人的期望塑造出来的完美生物，所以你必须学会放弃完美主义的执念，用自己的尺度而非别人的标尺来衡量自己，具体可以从以下几个方面着手：

1. 要明白别人并非以你为中心，不会浪费过多的时间关注你

身为一个完美主义者，把自己看得很重，便误以为每个人都会特别关注自己。其实别人自有别人的生活，在他们的世界里，你只是一个微不足道的配角。比如有人在大庭广众之下摔了一跤，通常情况下会为自己当众出丑而感到难堪，以为所有人都在看自己的笑话，而实际上只有少数人关注了这起事件，大部分人都在忙自己的事情，在关注这起事件的人当中很多人会把它迅速忘记，继续自己

的生活，就算有人把它当成茶余饭后的谈资，这个话题也不会持续太久。既然别人并不是那么在意你和关注你，那么根本就不可能深入了解你，你为什么还要把对自己的认知建立在这些人的基础上呢？

你是自己世界里的主角，然而在别人的世界里，你不过是那种迎着镜头走过来背着镜头走过去的龙套人物，认清这一点，有助于你重建对自己的认知，真正获得心灵的解脱。

2. 拓宽自己心灵的宽度，增强抵御负面评价的能力

史铁生曾经说过："不要轻易被别人的话扎伤。不能决定生命的长度，但你可以拓展它的宽度。不能企图控制他人，但你可以好好把握自己。"你或许不能阻止别人议论你，但是可以拓宽自己心灵的宽度，让自己不被议论所伤。很多烦恼都是因为你的心胸不够宽广、承受能力太差造成的，为什么要计较别人说什么呢？别人有别人的看法，但是你有权正确地评估自己，不要把他人舌尖上的活动当成一场风暴，你或许改变不了别人的想法，但是却能勇敢地把握好自己，如果你的心灵宽广如海洋，便能包容世间的一切尘沙，别人的言论根本不可能伤害到你。

3. 了解真实情况，让自己具备独立思考和判断的能力

马斯洛曾经说过，不要过分通过别人的评价去满足自己的自尊需求，他人的评价往往只是一种表述，不能代表真实的情况。比如你因为在上班途中偶遇交通事故而迟到，别人可能因为你不守时而认为你很差劲，这种评价本身就是不合理的，你迟到是因为突发事件造成的，这并不能说明你是个十分差劲的人。再比如别人经常恭维你，并不代表他们多么崇敬和爱戴你，也不代表你一定是个魅力四射的人，《邹忌讽齐王纳谏》的故事告诉我们别人的评价是多么不可靠。所以，你要学会理性地分辨他人的赞美和批评，始终让自己保持独立思考和判断的能力。

4. 对于别人的批评，有则改之无则加勉

不要活在别人的评价里，但是可以把别人的评价当成一种参考，如果别人对自己的批评存在某些合理成分，那么就虚心接受正确的部分；如果别人的批评完全是一种刻意的歪曲，不妨一笑而过。不要对外界的批评太敏感，它只是向你传达了某些信息，这些信息部分是真实的，部分是失真的，你需要启动过滤系统和筛选功能，找出其中有价值的信息，当成鞭策自己上进的动力，把无用的信息过滤掉。

第七章

带着明确的目标，
冲出"拖延的狂欢"

　　是什么造成了杰出人士和平庸之辈的不同？是天赋、机遇和资历吗？不全是。其实两者的真正差别在于有无目标。一个人无论年龄多大，其真正的人生之旅都是从设定目标的那一天开始的。之前的日子，无论有多少个春秋，都是兜兜转转绕圈子而已。有人说，有什么样的目标，就有什么样的人生。如果你的目标是成为一只傲视苍穹的雄鹰，那么你就不可能允许自己成为一只蹒跚行走的肥鸭。

　　目标可以给你重新定位自己的机会，无论你的起点如何，竖起你的目标灯塔，你的内心就不再迷惘，迷雾终将散去，而脚下的路将无限延展，如果你知道自己要奔向哪里，全世界都会为你让路。目标给了你不去拖延的理由，目标给了你拼搏的动力，目标让你放弃短视的眼光，拒绝拖拉中暂时的惬意，促使你用更长远的眼光来看待问题。总之，有了目标，你就有了"战拖"的利器，不会因为迷茫而继续自己的拖延之路。

有了目标，你的未来就不再是梦

"我有拖延症，非常清楚有哪些工作要做，可是我不想马上去做，于是借助整理办公桌的机会休息了一会儿，整理好桌子之后，我发现桌上的照片有点歪，扶正了照片后想起明天就要上交 20 多页的计划书，顿时感到心急如焚，可是急有什么用，先刷刷微博、逛逛空间放松放松……"你是不是对这样的场景非常熟悉？如果你是一名拖延者，自然明白那种反复纠结的痛苦。

不知从何时起，拖延症成为人们口头上频繁提及的名词，而拖延行为已经广泛深入人们的工作和生活中。办公族们高喊着远离拖延症的口号，却总是和这种顽固性流行病纠缠不清。战胜拖延症并非朝夕之事，我们必须采取积极的应对措施，其中最为重要的措施之一便是为自己确立明确的目标。

荷马史诗《奥德赛》中有一句非常经典的名言："没有比漫无目的地徘徊更令人无法忍受的了。"人必须有明确的奋斗方向，无论你多么聪明能干、多么意气风发，如果没有一个正确的方向作为指引，也会感到迷茫空虚，斗志在日复一日的拖延中渐渐消亡，枉费了青春年华。拖延者和拖延症做斗争的历史就是一部不断确立目标、不断做计划的历史，这是一部心酸的"血泪史"，因为计划总是赶不上变化，可是确立目标和做计划是"战拖"过程中不可或缺的一环，计划是现在和未来的桥梁，而目标则是行动的指路灯，一个人没有目标就好比航船没有罗盘，会在茫茫大海上迷失，多少人就是这样随波逐流、亦步亦趋地跟在别人的后面奔跑，结果什么也没做成。看不到未来的目标是可怕的，它会让我们的心灵盲目，找不到继续拼搏的理由。

一位优秀的女游泳运动员给自己确定了一个宏伟的目标，她要在退役前成为世界上第一个横渡英吉利海峡的人，这项挑战引起了不小的轰动，如果她成功了，这将是人类征服大自然的一个壮举。女游泳运动员在有了明确的目标后，积极地刻苦训练，为横渡英吉利海峡做准备。在风和日丽的一天，女运动员来到了海边，自信地朝观众们挥了挥手，然后跃入水中，朝对岸英国的方向游去。

那天天气不错，她的身体状态也非常良好，因此她游得很快，心情也非常好。可是临近终点时，海上突然起了大雾，天气的骤变让她不知所措，虽然她仍没有打算放弃，可是已渐渐感到体力不支，坚持了一段时间以后，她的体能几近耗尽了，于是被迫终止横渡英吉利海峡。其实她离终点只有几百米距离，可是在大雾弥漫的天气里，她丧失了判断的能力，事后她对外解释说，自己之所以选择放弃，是因为看不到即将到达的目标。

英国有句耐人寻味的谚语："没有目标的努力，犹如在黑暗中远征。"每个人都应该树立自己的人生目标，你可以没有鸿鹄之志，也可以没有撼天动地的宣言，但不能没有拼搏的目标。目标是理想的现实版本，是你实现人生价值的基石，是行动的驱动器，有了目标，你才能使理想照进现实，让生命更加充实和丰盈。有了目标，你的未来就不再是梦。

心理学家曾经做过这样一个实验：他让三组人分别向10公里以外的三个村庄进发。第一组人不清楚村庄叫什么名字，也不知道究竟要走多远，只是跟着向导前行，徒步走完两三公里后，有人开始叫苦不迭；行至一半路程后，有人开始发脾气，质问向导还要走多远，什么时候才能到达目的地；有人干脆不想走了，以后的行程所有的人心情都十分低落。

第二组人既知道村庄的名字，也知道这段旅行的里程，但路旁没有里程碑，他们只能凭直觉推断自己走了多远。行至一半路程时有人已经推断出了走过的里程，可是走到四分之三路程时，

157

大家以为前方的路还很长，心情有些低落，身体也分外疲惫，这时有人喊道："再坚持一会儿，就快到了。"大家立即振作精神，大踏步向目的地挺进。

第三组人比较幸运，他们知道村庄的名字和里程，路旁每公里都有一块里程碑，人们每走过一个里程碑，都觉得离目的地更近了一步，尽管一路大家都很疲劳，可是心情十分愉快，路上充满了欢声笑语，有人还唱起歌来，由于情绪高涨，他们很快就到达了目的地。

心理学家得出的结论是：当人有了行动的目标之后，就能时刻对照行动和目标的差距，行动的动机便会得到维持和加强，人们在情绪高涨的状态下能自觉地克服一切艰难险阻，努力达成目标。这说明目标既是行动的参照系，又是行动的助推器，那么我们该如何树立有助于战胜拖延行为的目标呢？

1. 把大目标分解成具体的小目标

大目标只能起到宏观指导作用，小目标的操作性更强。把大目标分解成阶段性的小目标，可以让工作任务更加具体和清晰，又能降低实现的难度，起到激励人心的作用。比如一个迷恋网游的人经常拖延工作，如果把短期内戒掉网游、彻底纠正自己的拖延行为设定为主要目标恐怕是不现实的，可是如果把它当成长期的大目标，在制定小目标时致力于恢复自己的掌控感，要求自己每天按时吃饭，表面看来这只是一件微不足道的小事，离戒掉网游还很遥远，可是却是一种小小的进步。树立无数个这样的小目标，自己的生活方式就会慢慢走向正轨，拖延行为也会逐渐减少。

假如你的目标是写一份工作报告，这项工作需要耗费好几天的时间，你可能因为压力大、任务复杂而把工作一直压后处理。这时如果你能从小目标着手，情况就会大不一样，比如你可以在接到工作任务当天花半个小时来设计表格，然后再用半个小时填写数据；

第二天搜集详细的资料，并将其整理好；第三天结合数据分析和资料，把报告写出来。做报告的大目标被分解成做表格、填数据、查找资料、整理资料、整合数据和资料、拟写报告等若干个小目标，实现起来就会容易得多，采用这种工作方式你完全可以轻松完成工作任务，无须借助拖延缓解压力。

2. 制定反馈系统，经常检查目标的执行情况

如果你想知道自己的行动按原计划执行的情况，以及行动与目标的距离，需要建立科学的反馈系统。比较有效的反馈方法是百分比法，即每完成一个目标任务，就用一个百分比来表示进展程度，以此来衡量与最终目标的距离。把所要完成的工作全部标注下来，每完成一项工作任务就计算一下百分比，各项任务累计相加便是自己工作完成的情况，以此你可以大致推算出剩余任务所需要的时间，确保工作如期完成，改掉拖延的习惯。

3. 把不可控目标转化成可控目标

人们对不确定的东西通常心怀恐惧，因此不愿意面对它。拖延的产生其实也跟我们不愿意面对不确定的事物有关。当我们认为自己失去掌控能力时，就会感到分外焦虑，继而产生拖延行为。比如一位博士生在写论文时面临着很多不确定性的因素，他不知道实验数据是否理想，也不知道导师是否有时间帮自己修改文章，以及编辑是否认同自己的观点，对于论文是否能最终发表心中也充满疑虑。

不可控、不确定会让人感觉很糟糕，既然一切都是未知的，又何必要行动呢？可是如果你仔细分析，就会惊喜地发现不可控事件也有可控的部分。例如不清楚实验数据是否理想，可以多做几次实验以便让数据更加真实可信；不知道导师是否有时间帮自己改论文，可以通过询问的方式求证。这样不可控事件就变成可控了，目标也一样，把不可控目标变得可控，可以让你更有掌控感，对于纠正拖延行为大有裨益。

要想有所斩获，必须全力以赴

狮子是不可一世的草原之王，尽管它具有威风凛凛的王者风范，但也经常面临饥饿的威胁，在捕猎时它还要面临选择羚羊还是金花鼠的问题。金花鼠是非常容易得手的小点心，狮子想要猎捕这种蹦蹦跳跳的小动物，简直是轻而易举的事，可是它却对附近的金花鼠置之不理，这是为什么呢？因为它们不是它想要猎取的目标，大个头的羚羊才是。只要看见羚羊穿越平原，即使狮子已经被饥饿折磨得虚弱不堪，锁定目标后，仍旧会立即发动进攻，全力以赴地去猎取自己的目标，直到获得最后的胜利。

锁定目标，然后全力以赴地捕捉猎物，是狮子能够顽强生存并称霸草原的秘诀。那么你是否也为自己选好了目标猎物呢？每天是否为了猎取属于自己的羚羊而付出了最大的努力呢？作为一名拖延者，多数情况下你都无法做到全力以赴，即使心中有了明确的目标，由于信心不足、畏惧失败等各种原因，会刻意保存自己的实力，以便给自己找到合适的台阶下，这样做的结果便是落败。试想一下，如果狮子在饥肠辘辘时选择保存自己部分体力，最终能成功猎捕到羚羊吗？同理，在锁定目标以后，你能凭借百分之七八十而不是百分之百的力量成功实现目标吗？当然不能，目标的实现必须以全力以赴为前提，要想有所斩获，必须全力以赴，无论遇到多少困难和障碍，倾其所有比保存力量更能接近成功。

有一个美国小男孩，其父是位马术师，他从小就跟着父亲四处漂泊，以马厩和农场为家，他的学习过程很不顺利，因为颠沛流离的生活使他的求学生活断断续续，每次适应新环境他都要付出巨大的努力。读初中时，有一天老师给同学们布置了一篇作文，要求同学们以长大后的志愿为题。

小男孩拿起笔写了满满 7 页纸，他高高兴兴地写下了自己宏大的志愿，那便是拥有一座完全属于自己的农场，为此，他还精心画了一张农场的设计图，它的面积有 200 亩，正中央的宅舍占地面积足有 4000 平方英尺，设计图上还详细地标注着马厩和跑道的位置。第二天小男孩把花了数小时才完成的作文交给了老师，两天后老师把作文还给了他，在上面打了一个大大的不及格，醒目的红色像个丑陋的伤痕一样割裂了白纸上的文字，作文旁边没有任何评语，只写了一行字：下课后来见我。

小男孩感到一头雾水，见到老师后疑惑地问："为什么给我不及格？"老师说："你小小年纪不要去做白日梦，你没有钱，家境也不好，建造农场可是一项耗费巨资的工程，你要花钱购买土地，还要懂得经营管理，这些条件你都不具备，你的愿望是不可能实现的。"接着改为缓和的口吻说，"如果你愿意重写一个比较靠谱的志愿，我会给你重新打分。"

小男孩回到家后，认真地把老师的话思考了一番，然后征求父亲的意见，父亲没有替他拿主意，而是郑重地告诉他："儿子，这么重要的决定你必须自己做。"小男孩经过一番深思熟虑后把原稿一字不改地交给了老师，他说："即使不及格，我也不能放弃自己的梦想。"20 多年以后，老师带着 30 名学生到农场露营，发现当年那个作文不及格的小男孩已经变成了农场主，他和学生们露营的地点正是小男孩的农场。老师感到无比惊讶，对小男孩说："我感到有些惭愧，当年我曾经给你泼过冷水，说你无论如何也不可能拥有一座农场，在以后的很多年里，我也对很多学生说过他们不可能实现自己的人生目标。幸亏你有毅力为自己的目标全力以赴地奋斗，不然也不会取得现在的成就。"

目标是否能转化成现实，有时无关难度，征服太空是一件很难的事，可是人类仍然在月球上留下了自己的足迹，有的人虽然设立了较容易的目标，却因为不肯努力而使目标永远处于空想阶段。贫穷的小男孩想要拥有一座农场，是一个很难实现的目标，可是他在锁定目标的那一刻，每一天都在朝着目标的方向努力，用热血和激情为理想铺路，最终终于实现了自己的目标。由此可见，全力以赴是促成目标尽快实现的前提。那么我们在制定目标时，如何保障自己能全力以赴地执行呢？

1. 寻找自己最渴望实现的目标

找到你最渴望得到的东西，才能最大限度地激发你奋斗的热忱，思考一下你最想在工作和生活中做出什么样的成绩，是想晋升到高管职务，还是想成为销售冠军，抑或是想征服喜马拉雅雪山？把你渴望实现的目标写在纸上，选取自己最渴望做到的事情，然后全力以赴地实践它。

2. 确立一个可操作的具体目标

具体而清晰的目标才能发挥导向作用，模糊而抽象的目标只会令人无所适从。比如"停止拖延"是一个含义广泛的模糊目标，它没有清晰地界定行为的边界，而"在下星期一前按时完成策划案""在下午三点之前整理好资料库""下班之前务必把当天的工作做完"等才是可操作的具体目标。口号式的模糊目标，不可能激发你的行为动机，没有人会愿意竭尽全力去实现什么不知所谓的目标，只有可操作的具体目标才能激起人的斗志和豪情，使人甘愿倾尽自己的心血，促成目标的实现。

3. 为目标设定完成期限，果断地采取行动

有了目标之后，不能无限期拖延执行的时间，而要为它设定一个合理的期限，否则在执行的过程中就有可能出现磨洋工的现象，这样无疑会消磨掉自己的斗志。不妨把目标写在卡片或日记本上，把规划的完成日期也写在上面，每天都要看一遍，提醒自己要朝着目标的方向迈进，以行动来验证自己的决心。

实现目标要有锲而不舍的精神

很多拖延者经常制定目标，在执行过程中却经常以半途而废告终，原因何在？有的人说自己没有把握好机遇，有的人说自己孤立无援、缺少帮助，这些都不过是借口和理由。事实上，犹豫不决会降低人的行动力，而拖延的恶习则会削减人的热情和斗志，三分钟热度的人很容易被惰性俘虏，没有阻力时尚不能坚持到底，遇到困难和挑战当然会选择当逃兵。

世上没有免费的午餐，任何人的成功都不是偶然的，也不是凭借运气，而是长期锲而不舍奋斗的结果，他们也曾有过落魄的经历，饱尝过人世的艰辛，多年的执着付出才最终获得了丰厚的回报。在决定一个人的成才因素之中，天赋、能力、机遇都比不上执着的毅力。有了目标以后，执着而坚定地执行，铁树也会开出娇艳的花朵，沙漠也能化作生机盎然的绿洲。

有位旅客有一次乘坐列车到远方旅行，他翻看着随身携带的交通地图，上面布满了密密麻麻的小字，他数了数沿途小站的名字，竟有60多个。旅客有点坐不住了，不停地扒着车窗向外看，或者问列车员："都这么长时间了，某某小站到了吗？"同车的旅客嫌他聒噪，不时向他投来不满的目光。闭目养神的旅客和相谈甚欢的旅客都被这个焦急的旅客吵得心情烦躁，有人甚至向列车员提议把那个吵闹的旅客安排到别的车厢，别让他打扰大家。

列车员是个两鬓风霜的老者，为了让满车厢的人停止抱怨，他对那位焦躁的旅客说："小伙子，能到我的工作间聊聊吗？"那名旅客跟着列车员走进了一个仅能容纳两人的工作间，年轻的旅客忍不住问："你怎么能在这么狭窄的空间里办公？"列车员笑着说："这个办公间是小了点，可是我已经在这里待了30年了。"

163

"30年？"年轻旅客惊讶地张大了嘴巴，想到自己耐不住60个小站的寂寞，而老人却30年如一日地坚守在自己的工作岗位上，他颇为感动。列车员又说："我在这里守了30个年头了，整整30年的时光都是在这条铁路线上度过的。"

"30年，一条线，这太不可思议了。"年轻的旅客激动地问，"你每天经过这么多的小站，心里不着急吗？"列车员回答说："我为什么要着急呢？我从不为中途数不清的小站而烦恼，心里只有始发站和终点站，然后做好自己的本职工作就行。"年轻的旅客若有所思地看着列车员。列车员顿了顿，又说："就像一个人，从出生到长大成人，只要记住自己人生的目标，并为此不懈地奋斗，就会获得一种恒久的力量，有了这种力量，过程中的琐碎和烦恼就会变得可以忍受。"

人们总是专注于成功者头顶的光环，却常常忽略了他们辛苦的付出，所谓"台上一分钟，台下十年功"，任何成功都不是一蹴而就的。想要实现自己的人生目标，就要像故事中的列车员那样耐得住寂寞，始终坚守自己的信念，能够矢志不渝、坚持不懈地为自己的理想而付出，直至到达人生之巅。有时阻止我们前行的未必是什么巨大的绊脚石，而是沿路的单调乏味、生活的琐碎，就像那位在列车上工作了30载的列车员那样，每天都要重复着同样的事情，守着相同的铁路沿线，这对人的意志力是一种莫大的考验。

我们都知道柏拉图坚持每天前后摆臂十次的故事，这只是一个简单的动作，但每天都坚持这么做可就没有那么容易了，苏格拉底的其他学生坚持了一段时间纷纷放弃了，只有柏拉图保留了这一习惯，正是凭借着这种持之以恒的精神，他日后才成为一位了不起的哲学家。那么对于拖延者来说，应该怎样使自己始终坚持不懈地朝着目标方向前进呢？

1. 克服游移不定的心态，坚定不移地执行目标

放大镜可以在阳光下点燃白纸，其原理是聚光作用，如果放大

镜总是游移不定，不能把焦点对准白纸，那么白纸是不可能自动燃烧起来的。确立目标后，心态浮躁、游移不定，常立志常改志，是不可能实现任何理想的。只要坚定不移地执行自己的人生目标，不被任何事物所左右，无怨无悔地向梦想的方向挺进才能收获成功的喜悦。

2. 权衡利弊，坚定实现目标的决心

让人看不到实际利益的目标通常让人感到懈怠，让人体察不到实际伤害的劣习不足以让人警醒。你的人生目标为什么不能始终如一地执行下去呢？可能因为实现目标并不能给你带来太大好处，也可能因为拖延执行或者干脆放弃执行并不能给你带来多大损失。采用权衡利弊的方法，在表格中填写坚持执行目标的收获和不执行的损失，能让你对自己的目标产生全新的认识，至少会让你了解你确定的目标对自己的人生而言是否意义重大。比如你制定了戒烟的目标，可以在收获一栏写上："我可以省下一笔钱。""这对我的身体健康有好处。"然后在损失一栏写上："我将失去一种排忧解闷的方法。""戒烟初期我会感到很不舒服。"通过权衡比较，你将坚定戒烟的决心，解除烟瘾便指日可待了。

同理，如果你制定了"控制拖延行为，按时完成工作的目标"。也可以依法在收获栏写上："我将获得掌控感。""我对自己会越来越有信心。""我将受到上司的赏识和老板的器重，职业生涯将步入崭新的阶段。"在损失栏写上："我的娱乐时间减少了，不能总打游戏了，也不能经常浏览网页了。""我比以前忙碌了，不再轻松和无所事事。"权衡之后，显然你的损失不算什么，而收获却能使你终身受益，因此坚持执行目标才是明智的选择。

3. 运用精神胜利法鼓舞自己渡过难关

法国杰出将领图朗瓦每次打仗都冲锋陷阵，还常常走在队伍的最前方，素以身先士卒闻名，可是他坦陈自己并非是个英勇无畏的人，曾经直言不讳地说："我的行动看上去像一个勇敢的人，然而自始至终却害怕极了。我没有向胆怯屈服，而是对身体说——'老伙计，你虽然在颤抖，可得往前走啊！'结果毅然地冲锋在前。"这说明假设自己成为一个什么样的人，就有可能让自己变成这样的人。不够勇敢、意志力不强的人，把自己想象成英勇且具有顽强意志力的人，在执行目标的过程中，无论历经多少艰难，都能矢志不移地走下去，终有一天会把目标转化成美好的现实。

紧追一只羊，专注于一个目标

在《人与自然》栏目中，有一段非洲豹捕食羚羊的镜头尤为惊心动魄：当非洲豹以迅猛的速度向羚羊群发起进攻时，惊恐的羚羊四处逃命。在猎杀羚羊的过程中，非洲豹盯紧了其中一只猎物便一直穷追不舍，对于逃窜的其他羚羊完全视而不见，而那只被锁定的羚羊由于一直狂奔不止，体能严重损耗，最后被凶猛的非洲豹成功捕获。

非洲豹在猎捕羚羊时，不少羚羊近在眼前，可是非洲豹却并没有因为眼前的诱惑而改变目标，而是死死地盯住一只羚羊，最终如愿以偿地得到了它的猎物。其实我们人类也经常遇到类似的考验，有时因为贪心，树立过很多远大的目标，因为精力分散一件事情也没做成。在各种各样的诱惑面前我们没法集中精力，常常在工作时间追剧或玩乐，把手头的工作拖到最后一刻才做。如果我们化身为那头非洲豹，恐怕一只羚羊也抓不住，只能绝望地吞咽自己的口水。

爱默生说："生活中有一件明智的事，就是精神集中；有一件坏事，就是精力分散。"爱迪生的观点和爱默生不谋而合，他说："你整天都在做事，不是吗？每个人都是。假如你早上 7 点起床，晚上 11 点睡觉，你做事的时间就整整 16 个小时。对大多数人而言，他们肯定是一直在做一些事，唯一的问题是，他们做很多很多事，而我只做一件。"是的，人的时间和精力是有限的，只专注于一个目标才能使梦想开花结果，否则就会一无所获。

在一所中学，老师曾经给学生讲过这样一则故事：有三只猎狗对一只土拨鼠紧追不舍，土拨鼠见自己跑不掉，就迅速钻进了一个树洞，树洞只有一个出口，没过多久，树洞里突然窜出一只兔子，兔子飞快地向前跑，敏捷地爬上了另一棵大树。由于跑得太急了，兔子没有站稳，重重地摔了下来，砸晕了三只仰头看的猎狗，最后，兔子侥幸逃脱了追捕。

故事讲完后，老师问同学们："你们觉得这个故事有什么问题吗？"一名学生回答说："兔子不会爬树。"另一名学生说："一只兔子摔下来不可能同时砸晕三只猎狗。""还有吗？"老师追问道。同学们表示已经没有任何问题了，老师才说："可是还有一个问题你们完全忽略了，你们没有人提到那只土拨鼠哪儿去了？"土拨鼠哪儿去了？老师短短的一句话把学生们的思绪重新拉回到了猎狗们最初追逐的目标上，是呀，它们的猎物是土拨鼠而不是兔子，树洞里突然冒出的兔子不知不觉地转移了所有人的注意力，土拨鼠竟然在大家的脑海里消失了。

我们在追求人生目标的过程中，常常被途中无数个"兔子"迷惑，以至走上了岔路，放弃了最初追求的目标——土拨鼠。所以不要忘了时刻提醒自己，抵御诱惑以及琐事的干扰，坚持专注地追求原来的目标，不要太浮躁也不能太贪心，而要盯紧一个目标就不放手，直到美梦成真。那么我们该如何做才能保证自己只专注于单一的目标呢？

1. 排除障碍和干扰

一个人如果能高度集中注意力，就能排除外界的所有干扰，专心致志地做好一件事，所以自控力较强的人一般不会轻易分心。可是对于多数拖延者来说，普遍注意力涣散，但这并不意味着拖延者就完全没有办法克服自己的弱点，在执行目标的过程中，你会遇到各种障碍，受到各种干扰，细枝末节的琐事可能扰乱你的视线，甜美的诱惑可能让你停下追寻的脚步，如果你能在行动之前对每一种可能出现的情况制定出一个清晰的策略，就能有效防止自己的视野被蒙蔽，使自己始终专注于心中的目标。

2. 静心忍耐，修炼自己的专注力

凶悍的狼群在捕猎时，具有令人惊叹的忍耐力，它们知道只有静静地潜伏才能最终猎取目标，而心浮气躁弄出响动就会功亏一篑。因为心态平静，所以才能高度专注。专注和冷静是密不可分的，躁动不安的人专注力都比较差，唯有心静，你才能头脑清晰，具有超强的自制力，才能专心做好自己的手头工作。

3. 化繁为简，树立明确而单一的目标

老子说："大道至简。"简单比繁杂更有效，也更长久。许多在某个领域做出突出贡献的伟大人物，之所以获得了惊人的成功，原因就在于他们一生只专注于一件事。因为目标单一，他们的精力才更加集中，在自己擅长的领域里研究得才更透彻、更深入。这说明我们在目标选择的取舍上，要学会做减法，最好只保留最重要的一个目标作为自己的毕生追求。

4. 锁定目标，专注重复

京剧表演大师梅兰芳天生有一双不出彩的眼睛，这是先天上的缺陷，直接影响他的表演效果，因为在舞台上传神的眼神比任何丰富的表情都更能打动人心。梅兰芳热爱戏剧表演，学艺的决心并未因此而产生动摇，为了让自己那双呆滞的眼睛闪现出火眼金睛的神采，他每天都紧盯着空中飞翔的鸽子看，或者注视水底游动的鱼。天长日久，他的双眼渐渐有了光彩，顾盼流转、熠熠生辉，人们都说梅兰芳的眼睛会说话了。

梅兰芳修炼眼神的秘诀便是日复一日地盯着鸽子和游动的鱼看，他投入而专注，日日皆然。这说明锁定目标后，专注于重复基本功，有助于达成目标，而每天重复于一件事情，可以让自己在某一领域更精更专，也有利于形成专注一个目标的习惯。

设定"金字塔"式目标

有些拖延者经常感到迷茫，似乎每天都忙忙碌碌，但是却不知道自己究竟在忙些什么，也不清楚自己想要的是什么，许多人成为"瞎忙"和"穷忙"一族，整日累得精疲力竭，老板和客户还是对自己有诸多不满，最让人无法忍受的是找不到人生的意义，总是思考一些诸如"我是谁""我将何去何从"等哲学问题，这种滋味当然很不好受。造成这种局面的原因是什么呢？是因为他们没有科学地设定人生目标。

设定人生目标就像建造一座金字塔，它是有层级的，你必须设立人生的终极目标，它是你毕生奋斗的标靶，属于长期目标，位于金字塔的塔顶，象征着至高无上的追求。但只有终极目标是远远不够的，如果它太过远大，实现过程过长，你会因为苦苦追求终不得而灰心气馁，所以必须辅以实现过程相对较短的中期目标，中期目标位于目标金字塔的中部，起到缓冲和巩固的作用。但只有长期目标和中期目标，金字塔还是不完整的，所谓"万丈高楼平地起"，目标金字塔也需要有坚固的根基，它的根基便是近期目标，近期目标是一个个可视化的里程碑，其特点为具体、清晰、明确，能让人对金字塔这项恢宏工程的落成充满信心。

1968 年，罗伯·舒乐博士决心要在加州建一座美轮美奂的水晶大教堂，建筑的材质主要是玻璃，旨在营造人间仙境般的效果。他兴奋地对著名的设计师菲利普说："我要的不是一座普通的教堂，而是一座人间的伊甸园。"

菲利普觉得建造这样一座空前绝后的教堂一定造价不菲，于是便问他预算是多少。罗伯·舒乐如实答道："我现在连一毛钱也没有，所以对于身无分文的我来说，100万美元和400万美元几乎没有什么区别。可是这座教堂具有无可匹敌的吸引力，可以吸引无数的捐助者。"

建造教堂的预算最后敲定为700万美元，这对罗伯·舒乐来说无异于天文数字，很多人都说他不可能成功建造水晶教堂，这笔巨款他是支付不起的。罗伯·舒乐却没有被这个数字吓倒，他想出了一个化整为零的方法，在纸上写上700万美元，然后在这个目标下面写下了若干行字：

1. 找一笔700万美元的捐款；

2. 找7笔100万美元的捐款；

3. 找14笔50万美元的捐款；

……

9. 找700笔1万美元的捐款；

10. 售卖教堂1万扇窗户的署名权，每扇700美元。

700万美元的目标太过宏大，会把人的自信心一瞬间击垮，可是如果通过化整为零的方法把它分解成可实现的小目标，就能极大地降低执行的难度。据说水晶大教堂最终耗资2000万美元就建成了，罗伯·舒乐仅用了一年多的时间就筹到了足够的资金，而今这座大教堂已经成为了加州的胜景，人们在参观游览时，依然会想到它当年的筹建情况，对罗伯·舒乐的故事仍旧津津乐道。

700万美元的目标自然令人望而生畏，它就像人们在仰望金字塔塔尖一样，谁都没有信心爬到那样一个高度，因为这样的目标看起来是无法企及的。可是通过化整为零以后，你便可以清晰地看到金字塔的层级结构，在迈向基层台阶时，压力骤减，向上攀登时也会信心十足，最后会一步步走上金字塔塔顶。

列夫托尔斯泰说："人要有生活的目标：一辈子的目标，一个阶段的目标，一年的目标，一个月的目标，一个星期的目标，一天的目标，一小时的目标，一分钟的目标……"一辈子的目标需要我们付出毕生的心血和努力，它是金字塔塔尖，我们不是雄鹰，不能一飞冲天到达目的地，只能步步为营地攀登，从把握一分钟、一小时和一天的目标做起，然后实现一个星期、一个月、一年、一个阶段的中期目标，最终实现一辈子的目标。

金字塔层级目标好比连环套，长期目标统帅中期目标和近期目标，而近期目标和中期目标又牵制长期目标，三者之间彼此制约，互相影响，设定"金字塔"式目标需要耗费心力来考虑各种因素，以下几个步骤可以让你开启设定目标的进程：

1. 写下你的目标清单

你的人生目标展现的是你人生的抱负和一生的追求，如果不想虚度年华，把宝贵的时间和生命浪费在无意义的事情上，你必须设立自己的目标清单。你需要了解自己一生真正想要的是什么，真正想完成的是什么事情，想在一生中成就何种事业。把这样的目标用一句精练的话概括出来，如果其中任何一个目标是另一个目标的重复表述或者是其关键步骤，就将它从目标清单中划掉。

2. 设定时间框架，划分目标层级

对于终极目标你必须设定一个时间框架，以此支撑起金字塔的层级结构，以时间的长度为基准，设定十年计划、五年计划、一年计划、季度计划、月计划、周计划、日计划，还可以设定几个小时或一个小时的计划，划分出长期目标、中期目标和近期目标。

3. 写下每完成一个目标所要采取的行动

这个步骤旨在拟定一个检查清单，因为你预估的目标实现的时间可能不符合现实，而行动则是检验真理的唯一标准，对自己接下来的行动步骤了如指掌有助于你科学地设定完成目标的时间。

4. 通过落实行动，对时间框架做出必要的调整

在完成近期小目标时，你便可以根据自己的执行情况对预估的基层时间框架做出调整，同时对完成中期的目标时间做出更合理的判断，纠正想象与现实的偏差，完成中期目标后准确记录实际耗用的时间，并对整个目标时间框架做出更合理的调整，对长期目标的完成时间做出更为准确的估计。

5. 检查目标框架，定期填写时间进度表

详细填写每日、每周、每月、每季度的时间进度表，以便你能随时了解自己距离完成近期目标、中期目标、长期目标还剩多少时间，使自己按照预定的方式来完成各个目标。定期回顾自己完成目标的情况，写下自己已经完成的部分，把未完成的部分累计到下一个目标计划中，同时合理调整时间框架。

量化目标，走进数字时代

歌德说："生命里最重要的事情是要有个远大的目标，并借助才能与坚毅来完成它。"然而越是远大的目标，越让人感到遥不可及，它神秘莫测、不定性，和现实有着较大的距离感，这种距离感没有产生美，产生的却是动摇、恐慌以及无休止的拖延，多数拖延者不是因为没有大的志向而甘于浪费时间，而是被远大的志向和不可预知的未来压垮。他们不知所措，所以浑浑噩噩、游戏人间，进而养成了拖延的恶习。

那么对于拖延者来说，应如何拉近理想与现实的距离，消除对未知因素的恐惧呢？最直接且有效的方式便是将目标量化。理想可以为你营造一个造梦空间，可是在现实的平台上，任何抽象而美妙的理想都不如严谨而标准化的数字更教人心安，因为量化的目标不

是伸手触摸不到的天边彩虹，而是赏心悦目的凡尘花朵，你不仅可以辨别它们的颜色，而且能数清它们的数量。

有的人不禁要问，目标分解以后就已经足够明确和具体了，为什么一定要将它们量化呢？定性的子目标难道就一定比不上定量的子目标吗？试想一下你在答一份考卷，考卷以优良中差来评分更精确还是以具体的分数评分更为精确呢？答案是不言而喻的，定量的指标无疑准确度更高，可以让你更直观地了解目标的执行情况。数字代表着一种科学美，它闪耀着理性的光辉，所以作为一个现代人，走进数字时代，量化自己的人生目标，更有利于目标的达成。

1984年，一场国际马拉松邀请赛在日本东京拉开了帷幕，在这场备受瞩目的盛大比赛中，一个籍籍无名的日本选手超越了所有实力派种子选手，一举拿下了冠军，这个结果非常出人意料。这匹黑马的名字叫山田本一，赛后接受记者采访时，没有讲太多话，当被问到获得冠军的秘诀时，他只是说了一句话：以智慧战胜对手。这句话很难让人理解，马拉松考验的是人的体能和耐力，身体素质不达标，仅凭智慧是不可能获得冠军的。因此，大多数人都认为这位冠军的回答华而不实，不过是故弄玄虚而已。

两年之后，意大利米兰举办了国际马拉松邀请赛，山田本一代表日本参赛，并再次夺冠，这个结果同样在人们的意料之外，赛后，记者又一次追问夺冠的诀窍。山田本一个性内敛，是个不善辞令的人，思考了一会儿，仍然重复着上次的回答：以智慧战胜对手。记者没有在报纸上讥讽他故弄玄虚，而是试图了解这句话背后的真相，可是依旧一无所获。

10年过后，山田本一自己揭开了这个秘密。那时他退役了，不再参加比赛，忙于写自传出书。他在书中是这样解释取胜秘诀的："一开始比赛时，我并不懂如何进行比赛，只知道一直向前跑，通常把自己的目标定在40多公里外终点线上的那面旗上。这样的结果就是，跑了十几公里后，我就感到疲惫了，可是目标远远不见。于是，感觉更加疲惫，我被前面剩下的路程吓坏了。后来，在每次比赛之前，我都先把比赛的线路仔细查看一遍，找出沿途比较醒目的标志，用心记下来。比如，第一个看到的标志性的建筑是银行，下一个是一棵特别的大树，再下一个是一座红房子……就这样，我把标志一直记到终点。在比赛时，我先全力向第一个标志跑去，这样我知道自己的下一个小目标在哪里，于是再向第二个标志跑去，就这样，40多公里的赛程，被我分解成几个小目标后，我就能轻松地跑完了。"

人生何尝不是一场马拉松呢？每个人都会觉得离最终的目标有着漫长的距离，目标的实现不可能一蹴而就，那是一个从量变到质变的过程，众多量化的小目标就是赛场上的能量补给站，每当你感到疲惫不堪的时候，就能通过它获得坚持跑完全程的力量，这就是山田本一两度获得国际马拉松邀请赛冠军的秘诀。大目标会给人带来一种可望而不可即的恐惧感，而把一个大目标量化成一个个小目标，然后先全力以赴地实现第一个小目标，之后实现第二个小目标，以此类推，直到实现最后一个小目标为止，这样就把高远的目标转化成了真实可触的现实。当然要量化目标需要掌握很多技巧，以下几点建议可以为你提供必要的帮助：

1. 把目标具体化和数字化

量化目标，指的是用准确的数字来描述你的人生目标，如果你的目标可以用数字描述，就一定要用准确的数字表达，而不要用笼统的文字来表述。在日常生活中，很多人把找到一份待遇优厚的工作、获得理想的工作业绩、建立美满幸福的家庭当成自己的人生目标，这只是一种笼统的想法，描述过于模糊，没有量化。月薪达到多少才算待遇优厚呢？销售业绩达到什么标准才算理想呢？幸福指数达到什么数值才能算拥有幸福家庭呢？

量化后的目标一定是可衡量的，比如期望得到月薪 1 万的工作，想要自己的销售业绩达到 20 万，幸福指数达到 90 分以上等。如果人生目标不能用具体的数字来表示，可以将其指标化，指标化也是量化的一种形式。

2. 量化目标时要注意有效目标的五要素

一个有效的目标通常包含五个要素，简称"SMART"的要素，分别为 Specific、Measurable、Action－oriented、Realistic、Time－related，指的是具体的、可衡量的、可接受的、现实可行的、有时间限制的。制定目标时必须充分考虑这五个要素，有人只设定了一个模糊的长期目标，没有考虑到实现人生目标所需的资源、时间和自身应当具备的能力等因素，使得目标的可行性大为降低，而且难以衡量，所以想要让一个目标更具操作性，必须全方位考虑与实现目标相匹配的各种因素。

举例来说，如果你工作较为吃力，总是比其他人慢半拍，被拖延症所累，制定了一个赶上同事进度的目标。在量化目标时就应该把各方面的因素设计周全，比如想好自己要追赶的是哪个竞争对手（某个具体的同事），使自己在处理同类工作任务花费的时间大致与之相当，还要规划好在规定的时间内所要解决的问题，同时要结合自身的能力和特点，注意现实情况和时间限制，促使自己不断取得进步。

3. 用剥洋葱法来量化实现目标的过程

目标就好比一颗洋葱，目标的实现过程便是剥洋葱的过程。洋葱最外层是近期目标，它是你应立即着手做的事情，当然剥掉一层洋葱皮也不是一瞬间都能完成的，你需要一点一点地剥，这个过程就像实现一个个近期小目标的过程。再往里依次是中期目标，最里层是我们追求的终极目标。洋葱的层数是可数的，因此每剥一层都可以量化的，甚至每剥一点也能量化，每实现一个目标我们都能得到一个具体的数值，同时可测算出距离最终目标的距离，那么终极目标就不会显得遥不可及了。

机会未必都是馅饼，不要轻易放弃目标

在这个精彩纷呈的世界里，机会无处不在，人人都渴望把握机遇，改变命运，可不是所有的机会都是美味的馅饼，它有可能是诱导你误入歧途的陷阱。很多人忙碌了一生，却背离了自己的理想和目标，主要原因就在于被眼花缭乱的机会误导，以致离自己最初的目标渐行渐远。

面对人生的各种机遇，你将如何抉择呢？这不是简单地在鱼与熊掌之间取舍的问题，因为更多时候，你也分不清哪些机遇属于熊掌、哪些机遇属于鱼。如果你的头脑不够清晰，目标就会呈现出混乱的状态，那么所有辛苦的工作都将变得毫无意义。你是否问过自己为什么会成为一名拖延者呢？自己是否有某种程度上的选择障碍症呢？你在着手执行一个计划或一项工作时，会莫名中断，将其拖到别的时间处理，而把时间浪费在另一个计划或其他工作上，除了感到实现最初的目标有压力外，还有一个重要原因是你的意愿和最初的目标发生了背离，也就是说你主动脱离了原来的目标轨道。

凯瑟琳在纽约的一家大型高尔夫俱乐部勤勤恳恳地工作了12年，深得老板的赏识，后来老板进军电视产业，策划了一个娱乐栏目，让她辅助栏目制作。凯瑟琳的本职工作仍是管理高尔夫俱乐部，可是她却热衷于扬名，把过多的精力分散到了电视栏目的制作上。她觉得得到了一个千载难逢的好机会，竟悄悄地把事业重心移向了电视业。

凯瑟琳在高尔夫俱乐部不再那么勤勉地做事，她开始热心增加自己的曝光率，经常走出办公室到各处演讲，还为多个品牌做了代言。起初老板没有制止她的行为，因为老板认为虚荣是人的天性，

他没有必要对她的工作安排强加干涉，只要她能尽力完成高尔夫俱乐部日常的管理工作就行。

后来凯瑟琳变得妄自尊大、趾高气扬，一再拖延高尔夫俱乐部的工作，案头上积压了大量的文件，自己却经常到外面演讲。老板打算给高尔夫俱乐部的会员赠送一些礼品，想要让凯瑟琳负责做这件事情，可是在办公室里并没有看见她，于是打电话问某品牌的皮带是什么价格，某品牌的衬衫多少钱，某品牌的领带是什么价钱，凯瑟琳在电话里的声音显得很不耐烦："真不敢相信，你竟然问我这种无聊的问题。"而以前她会非常耐心地解答这些问题。显然她对琐碎的工作已经全然失去了兴趣，一心想着借助电视节目的热度成名，可是高尔夫俱乐部的事务仍需要有人打理，老板需要比凯瑟琳更称职的管理人员，于是从外部聘请了合适的管理者，而凯瑟琳由于态度傲慢、工作不尽心而被辞退了。

凯瑟琳失去工作后感到非常失落，遥想当年，她把经营高尔夫俱乐部当成了自己的毕生追求，她热爱这项高雅的运动，每次为会员服务都感到非常开心，她在这个行业已经做了 12 年了，如果继续坚持下去就能分得不少股份，可是自从接触了电视产业，她的人生目标就发生了重大偏离。现在她并没能如愿成名，还失去了大好的前途，本以为接住了从天而降的巨大馅饼，却走进了一个毁掉自己职业生涯的陷阱，看来机会是把双刃剑，把握不好是要付出代价的。

《买椟还珠》的故事为大家所熟知，有的人为了抓住一个前景不明的机会，而偏离了正常的工作轨道，放弃了对自己一生能产生决定性影响的人生目标，就像舍弃价值连城的珍珠却把不值一文的木匣当成宝贝收藏一样，犯了取舍不当的错误。作为一名拖延者，你不妨追问自己，究竟是因为什么拖延现在的工作呢？目前你在从事的事情一定比你放弃的工作更有价值吗？你目前所做的工作还在原来的目标轨道上吗？如果你不想像凯瑟琳一样后悔，那么从今天起最好竭尽全力保证自己所做的事在目标轨道上正常运行，以下几种方法有助于你更好地执行目标：

1. 跟踪自己的目标执行情况，并及时加以记录

每天都要详细记录自己执行目标的情况，并时刻监测自己的工作是否脱离了最初的目标航道。注意要以重要工作为中心来记录一天的工作日程，不必纠结于琐碎的细节，可把有相关联系的种种琐碎的工作归结到一起记录，一定要做到主次分明。

2. 评估自己对人生目标的期望强度

期望度越高，你会越强烈地渴望目标的达成，不会因为遇到新的机遇而舍弃原来的目标，反之，期望度过低，目标是否达成对你而言无关紧要，只要有了其他机会你便会毅然掉转航向。

如果你对目标的期望度为0%，说明你根本不想实现这个目标，那么该目标对你没有任何吸引力，它的存在是没有价值的。如果你对目标的期望度为50%，代表该目标可实现也可不实现，但你在一定程度上还是希望它能实现，确立这样的人生目标之后，起初你会保持三分钟热度，遇到困难或者有了其他机会之后就会抛弃这个目标。如果你对目标的期望度是99%，代表你非常想要实现这个目标，但是在关键时刻会产生退却的念头，通常以功亏一篑收场。如果你对目标的期望强度达到了100%，代表你愿意不惜一切代价来实现这个目标，不达目的不罢休，眼前无论出现多少机会，你都不会改弦易辙，而会坚定地向着原来的目标努力，直到成功到达目的地。

评估对目标的期望强度可以预测自己日后的行为动向，期望强度达到100%的目标是不可能在落实的过程中偏离航道的；期望强度为0%的目标应该被果断舍弃，因为它不可能转化成现实；而期望强度为50%～99%的目标存在改变航道的风险，你必须时刻加以警惕。

3. 通过问问题的方式检验自己的行为，防止偏离人生目标

在执行目标的过程中不妨每天问问自己以下几个问题：

（1）我为今天所做的事情感到惭愧吗？

（2）今天我是否做了和人生目标无关的事情，浪费了很多时间？

（3）我应该注意哪些事情，避免影响目标的达成？

（4）我是否产生了脱离现在这份工作的想法，想要碰碰运气尝试其他的事情？

这些问题的答案可以帮你找到真相，让你充分了解自己的行动轨迹，防止自己的行为与人生目标发生偏离。

世界变了，你的计划必须修改

哲学家说，事物是不断发展变化的，绝对的静止是不存在的，这种说法也符合科学界的观点。我们赖以生存的地球在视觉上看是静止的，而事实是，它分分秒秒都在自转和公转。社会是动态发展的，未来会呈现出许多不可预知的动态变化，那么我们的目标能够以不变应万变吗？当世界已经改变，我们还能按原计划执行吗？

不可否认的是，目标具有一定的稳定性，如果你不停地修改目标，做什么事情都虎头蛇尾，那么便会一事无成，可是如果出现了特殊情况，还期望能原封不动地执行预定的目标又是十分不现实的，比如你原计划要在当天下午欣赏一场歌剧，可是因为某种原因，歌剧表演取消了，那么你的计划当然就泡汤了，你若还想欣赏歌剧，只好选择其他时间。也就是说你需要对自己的目标计划做出调整，这种意外导致的拖延与拖延行为无关，可是如果你因为当天没能如愿欣赏到歌剧，而感到灰心失望，对歌剧的热情渐渐削减，以至日后总是把欣赏歌剧的安排向后拖，那么这种做法就属于拖延的范畴了。

面对意外情况和突如其来的变化，你是否能积极应对，适度地调整自己的目标计划，促进人生目标的实现呢？如果你能做到，就能掌控好自己的人生，虽然因为意外耽搁了一点时间，可仍能向着正确的方向前进。如果你做不到这点，遇到一点突发状况便对目标的实现产生动摇，那么就有可能永远无法摆脱拖延症。

在航海图的图表上，航程的出发点到终点站的路径并非是一条直线，而是一条弯曲的线，虽然两点之间直线最短是一个颠扑不破的数学定理，可是想要在大海上走直线几乎是不可能的，风、海浪、洋流等各种外力因素都会影响船的航道，因此船长必须时刻掌控船只行驶的方向，虽然直线变成了曲线，最终仍然成功驶向了航行的目的地。

轮船的航道不是笔直的，飞机的航道同样也不是直线。每个星期都有上千人乘坐从悉尼飞往东京的航班，飞机需要在海上行驶一段很长的距离，没有人会怀疑自己可以顺利抵达东京，尽管两地相隔遥远，飞机的飞行时间也较长。其实飞机在95%的时间里都是偏离航道飞行的，这并不是人为原因造成的，而是因为各种不可控因素所致。事实上，飞机在起飞的一刹那就已经开始偏离航道了。

飞行员的目标是使飞机顺利到达目的地东京，整个旅程都是由他来负责驾驶的，可是他清楚飞机会被气流吹得偏离航道，于是便时刻监控着前进的方向，不断地调整飞机的飞行方向，使其接近飞行航道，这样就能保证飞机顺利抵达最终的目的地。

生活就像在大海上颠簸的轮船和在天空飞行的飞机一样，你的人生会置身于波涛汹涌的海面上或交叉气流之间，因此迫于外力而偏离航道。事情永远都不可能百分百和你的预期保持一致，你所要做的事情不是停止航行或飞行，也不是拖延前进的时间，而要像船长和飞行员那样，不断调整方向向最终的目的地驶去。

你是否曾经因为意外事件阻碍了目标的实现而懊恼万分呢？你是否因为没能达成预期的目标而灰心不已呢？事情永远不会百分百像你预计的那样，总有些新情况是你无法掌握的，目标一旦确立，就不要轻易改变，但要根据现实情况对原计划作出必要的修正，在修正目标的过程中最好遵循以下三个步骤：

1. 修正实现目标的计划和方案，而不是改变目标

英国有句耐人寻味的谚语：目标刻在石头上，计划写在沙滩上。也就是说目标不能轻易更改，而终极目标更不能随意改变，但计划可以随时根据变化做出合理调整。计划好比实现目标途中的一个个路标，而终极目标好比终点站，路标的位置可以更改，只要最终指向终点站的方向，你就不会迷路，可是如果终点站的位置发生偏移，你的人生将彻底失去方向。所以你要修改的是计划而不是目标本身。

2. 在无法如期实现目标的情况下，修正达成目标的时间期限

遇到突发情况，计划和方法已经做出了必要调整，可是仍无法按照预期时限完成目标，在这种情况下，只能适度延长达成目标的时间。要知道有时候计划赶不上变化，有些事情不可强求，但这并不意味要无限期地拖延目标实现的时间，你要结合目前的状况及自身的能力，重新规划目标的时间框架，合理修正达成目标的时间期限。

3. 根据自身情况，修正目标的量

孩提时代，每个人都有过天真而宏大的梦想，立志成为科学家、音乐家、宇航员、艺术家……可是长大之后，会不约而同地发现，童年的梦想难以实现，于是被迫压缩了梦想，开始为更实际的理想而奋斗，这个过程就属于修正目标的量。有时候你不得不和现实世界妥协，当你不具备实现梦想的条件时，坚持在理想的道路上狂奔只会撞得头破血流，拥有理想主义情结本身没有错，可是也不能完全脱离实际，修正目标的量不是一种懦弱的行为，而是一种理性的选择。

第八章

打赢时间"搏击战"，别让拖延蹉跎了人生

对于拖延者而言，时间不是一种客观的存在，而是一种主观的感受，他们不承认时间是固定的、可衡量的、有限的，而是假定时间是可以被无限拉伸的，于是从来就不愿意和时间赛跑。当然没有人可以比时间跑得更快，即使拥有夸父追日的豪情也会在这场追逐战中败下阵来，那么我们是不是应该放弃跟时间的对峙，任由它匆匆溜走呢？当然不是，我们不能因此而荒废了整个人生，更不能让拖延蹉跎了岁月，只要掌握一定的时间管理方法，即使你是一个不折不扣的拖延者，也有望打赢时间"搏击战"，由此终身受益。

拖延者普遍喜欢寄居在潜在可能性的模糊王国里，不喜欢被有限的可测量的时间框架束缚住，可是不让时间量化，你就会彻底失去掌控感。不要为给自己制定时刻表而烦恼，它会让一切变得井井有条，时间的魔法只有触到科学的光辉才能生效，学会科学地打理自己的时间，拖延症将无力再偷走你的一分一秒。

番茄工作法——用倒计时的急迫感挤走拖延症

朱自清曾在《匆匆》一文里写道："洗手的时候，日子从水盆里过去；吃饭的时候，日子从饭碗里过去；默默时，便从凝然的双眼前过去。我觉察他去的匆匆了，伸出手遮挽时，他又从遮挽着的手边过去，天黑时，我躺在床上，他便伶伶俐俐地从我身上跨过，从我脚边飞去了。等我睁开眼和太阳再见，这算又溜走了一日。我掩着面叹息。但是新来的日子的影儿又开始在叹息里闪过了。"是呀，时光是抓不住的青鸟，我们不能让它多停留片刻，人生总是太匆匆！

对于拖延者来说，时光就像淙淙的流水一样不知不觉地消失在岁月的罅隙里了，很多人不解，每人每天都有 24 个小时，为什么有的人做事卓有成效，而自己却什么都没有做成呢？我们不能阻止时间流逝，但是可以在时间之河流淌的过程中，好好把握它。时间是最宝贵的资源，我们应该学会科学管理它，不能让它在拖延中白白浪费。

石油大亨洛克菲勒的孙子大卫·洛克菲勒曾在博士论文中指出，懒惰是"最最严重的浪费"，他决不允许自己浪费宝贵的时间，总是严格规划自己每一天的时间，并严格按照时间计划表执行。因为管理时间有方，大卫·洛克菲勒不仅出色地完成了学业，取得了包括哈佛大学在内的 9 所大学的博士学位，还事业有成，成了一名优秀的银行家。

同事们对大卫·洛克菲勒高效率的做事风格赞不绝口，他们有时也会怀疑大卫·洛克菲勒有分身术，一位同事说："一个人怎么可能这么轻松地做这么多事？简直不可思议，也许我也该试试他的法子。"

大卫·洛克菲勒无疑是成功的时间规划大师，哈佛大学的毕业生查尔斯在时间规划上也许比不上大卫·洛克菲勒,但是因为掌握了管理时间的方法,他收获良多,并使自己的人生命运发生了重大转折。查尔斯虽是毕业于世界顶级学府的高才生,职业发展却不是十分顺利。他毕业之后成为纽约一家软件公司的行政管理者,后来,他供职的公司就被一家法国公司兼并了,在签订兼并合同的当日,新总裁对全体员工宣布要在周末举行法语考试,考试不合格的职员将被解雇。他强调公司原则上并不想裁员,可是如果原公司的职员法语太差,不能和同事正常交流,会对日常工作造成不利影响。

当天,原公司的员工都心情沉重地走向了图书馆,因为只有恶补法语才能保住工作。查尔斯却像往常一样直接回家了,同事们以为他想要放弃考试,打算重新寻找工作。一时间查尔斯成了同事眼中毫无希望过关的人,然而事实却让人大跌眼镜,他不但顺利地通过了法语考试,而且获得了最高分。

原来,查尔斯每天都在有意识地提高自己的综合能力,虽然每天工作都很繁忙,他却一直利用一切可利用的时间拼命学习法语,而别的同事从来没想过抽出时间来学习另一门语言,他们总觉得时间不够用。查尔斯因为科学地规划工作和合理安排时间,法语水平突飞猛进,而其他同事平时不懂得有效利用时间学习,以临时抱佛脚的心态来参加考试,结果纷纷出局。

如果大卫·洛克菲勒不懂得规划时间,他将永远活在祖父的光环下,不可能为自己打下一片灿烂的天地;如果查尔斯不懂得利用时间,他将失去一份不错的工作,这对于他的整个人生来说都会成为一种无可挽回的损失。你不能挽留时间,也不能让它停下脚步,而拖延是对时间最大的浪费,如果你任由时间拖延下去,最终就会一事无成。

作为一名拖延者,如果你能掌握一些有关时间科学管理的方法,就能破除拖延的魔咒,有效提高做事效率。"番茄工作法"被证明是一种非常有效的时间管理方法，它的发明者使用一种番茄形状的定时钟来定时，这种时间管理法因此得名。其原理是利用时间限定的方式，增强人的紧迫感，督促拖延者立即执行手头的工作。"番茄工作法"把做每项工作的时间限定为25分钟，执行者需要在规定的时间内依次完成各项工作。这种方法听起来很简单，却可以促使你全身心地投入工作，对于战胜拖延症非常有意义。

举例来说，比如你计划要写一份工作报告，却一会儿整理办公桌，一会儿浏览网页，把拟写报告的时间一拖再拖，这主要是因为你主观上认为时间尚比较充裕，没有任何紧迫感，但是有了番茄钟的提醒情况就不一样了，你必须在25分钟的时间内完成规定的工作内容，这种倒计时的感觉会让你松弛的神经立即紧绷起来，这就是番茄工作法奏效的根本原因。其具体操作步骤如下：

1. 每天规划一个工作日要完成的若干任务，将其逐项填写在清单中

可在记事簿或电脑桌面上设置任务清单，详细填写年、月、日时间，把当天要完成的工作任务，在一天之始时填入表格里，每日都要按时更新清单，采用此方法来规划一天的工作。

2. 设定番茄钟，时间设为25分钟

闹钟、定时器、手机软件等都可成为充当定时功能的番茄钟，可凭借个人喜好任意选择，然后设定时间使番茄钟在25分钟后响起，注意选择音量适度的定时器，音量过小无法发挥应有的作用，音量过大会影响同事工作，音量应是能使你警醒但又不破坏和谐环境为宜。

3. 开始着手第一项工作任务，番茄钟铃声响起即停止工作

按照清单表格来执行第一项工作，时刻提醒自己务必在25分钟之内把手头的工作做完，要让时钟时刻在心中响起，激发自身的紧迫感，促使自己以最高的效率来执行工作。

4. 在清单栏中划掉完成的工作任务，休息3～5分钟

完成第一项工作任务之后，立即将其用线或者 X 号划掉，然后利用3～5分钟的时间活动或喝水，适度放松自己。由于你在过去的25分钟里，精神高度集中，神经处于紧绷状态，你可能有点疲倦，所以必须适当调整自己的状态，以保证自己在执行下一个任务时是在最佳精神状态中进行的。

5. 开始下一个番茄钟，以此执行清单中的任务，四个番茄钟之后休息25分钟

按照执行第一个工作任务的方法，完成接下来三项工作任务，清单中四项工作任务都被划掉之后，可休息一个番茄钟的时间，即25分钟。以此循环，每到四个番茄钟时间都可休息25分钟，以保证自己精力充沛。

运用"番茄工作法"时需要注意的是要结合个人实际情况，合理设置番茄时间段，25分钟只是一个建议时间，拖延者可根据自身情况作出合理范围内的调整，尽量把最为关键和重要的工作任务安排在头脑高效的时间段，比如上午8：30～11：00，当然每个人头脑高效的时间段会有差异，你可以根据个人情况自行安排，但是切忌把重要工作安排在下班之前。

如果在番茄时间段内工作没有做完，就只好将剩余部分递延到下一个番茄时间段来做了，如果经常出现这种情况说明时间规划得不合理，番茄时间段的时间需要进行调整。在你执行工作任务的期间可能有电话或邮件打断你的工作，所以你有必要预留一些处理这些事务的时间，适当延长番茄时间段。

瑞士奶酪法——整合碎片里的时光

时间不是一天天耗尽的，而是在分分秒秒中悄然溜走的，它就像沙漏里的细沙一点一点地从你的眼前流失。粗心散漫的人用日和时来计算时间，而惜时的人却把时间的刻度精确到分和秒，有的人觉得一分一秒眨眼工夫就过去了，比炸裂的烟花消逝得还要快，它们又能有多大价值呢？对此诺贝尔奖得主雷曼却有完全不同的看法，他说："每天不浪费、不虚度或不空抛剩余的那一点时间。即使只有五六分钟，如果利用起来，也一样可以有很大的成就。"

零散的时间看似微不足道，但也能集腋成裘、积水成海，点滴时间汇合起来将大有用途。富兰克林把时间视为组成生命的原材料，珍爱生命的他自然懂得珍惜零碎时间的道理，他曾经这样表达过自己的时间观念："我把整段时间称为'整匹布'，把点滴时间称为'零星布'，做衣服有整料固然好，整料不够就尽量把零星的用起来，天天二三十分钟，加起来，就能由短变长，派上大用场。"不要以为拖延几分钟没什么大不了，每天都拖延那么几分钟，天长日久，你浪费的就是大把大把的光阴，而把时间积零为整，善加利用，则能使你获得意想不到的收获。

美国总统亨利·威尔逊出身贫寒，他10岁离家，饱经忧患，做了11年的学徒工，每年仅有一个月的时间能接受正常的学校教育。尽管生活如此艰辛，他每天都要为工作奔忙，几乎没有多少闲暇时间，他仍然坚持刻苦自修。在21岁之前，亨利·威尔逊利用一切可利用的零碎时间读完了1000本好书，这是多么不可思议的事，那些家庭优越，有着大把时间的同龄人也没有达到这样惊人的阅读量，可是他却做到了。

亨利·威尔逊购买书籍的费用都是他一个硬币一个硬币积攒下

来的,除了必要的生活费,余下的钱他都用来购买自己喜欢的图书了。他读书的时间也是一点点挤出来的,时间的积累过程和硬币的积攒过程一样艰辛,他在农场工作过,大部分时间都在干农活,离开农场后,他去了马萨诸塞州的内蒂克学习皮匠手艺,在他21岁那年还和一队人马走进了人烟稀少的大森林,每天辛苦地做着伐木工作,几乎披星戴月,显然他没有大段的时间来读书学习,能够利用的只有零散的时间,所以他比任何人都清楚每一分每一秒的价值。

无论有多么疲倦,无论每天有多少事情要忙,亨利·威尔逊一直在告诫自己,绝不能放弃自我发展的机会,绝不能让宝贵的时间从指缝间白白溜走,他像抓住黄金一样牢牢地抓住了闲暇时光的零星时间,知识储备和个人能力得到了极大的提升,步入政坛以后成了历史上非常著名的一任美国总统。

除了亨利·威尔逊之外,因为精心利用零星时间而取得重大成就的人还有很多,其中杜邦公司的总裁格劳福特·格林瓦特就是其中的一位,他每天都尽量挤出1小时的时间专门用来研究蜂鸟,并给它们拍照,后来写出了广受好评的经典力作,权威人士把他撰写的有关蜂鸟的书奉为自然历史丛书中的杰出作品。

美国最高法院的法官休格·布莱克也是一个善于利用零星时间的高手,他在进入美国议会前,不曾接受过正规的高等教育,虽然每天工作繁忙,他仍能抽出1小时时间到国会图书馆读书,阅读了大量有关政治、哲学、历史和诗歌等方面的经典书籍,即使在忙得不可开交时也没有中断每天1小时的阅读,凭借着广泛的阅读量和渊博的学识以及对于法律的深入理解,他终于在法律界获得了极高的地位,成为最高法院的法官。

充分利用零星时间做事的时间管理方法有很多种,其中较为出名的是"瑞士奶酪法",它由时间管理专家阿兰·卡凯最先提出,阿兰·卡凯把零碎的时间比作奶酪上的一个个小孔,当你刚刚接到一项繁重的工作任务时，为了避免由于不愿承受重压而拖延，可在任务奶酪上打孔戳洞，利用每个 5 分钟、10 分钟的时间小孔来轻松地完成一部分工作内容，一点一点地将整个任务奶酪处理掉，这会让你产生一种持续的进度感，从而激起你更大的工作热情，促使你更积极、更高效地完成工作任务。

"瑞士奶酪法"的意义在于把一个看起来消化不了的大奶酪，通过"见缝插针"打孔的方式使其变成可让你消受的东西，以此来缓解你的压力感和焦虑感。对于奶酪来说，孔洞是那么微小，这就好比 5 分钟、10 分钟、一刻钟的时间对于一整天而言是那么微不足道，可是它们仍然是有价值的，你可以在许多个小小的时间段里做很多事情。

"瑞士奶酪法"有很多优点，比如它很切合实际，在你业务繁忙时，找出大段时间处理某些工作是很困难的，如果你总是忙不完当日的工作，要么自动加班，要么把当日的工作拖到第二天去做，假如你对这两种选择都比较抗拒，那么可以尝试挤出 10 分钟、15 分钟或者半小时、1 小时的时间来完成某些工作。对于忍耐力较差的拖延者来说，处理某些繁杂的工作可能超过一刻钟都会变得难以忍受，采用"瑞士奶酪法"，利用零星的时间做事能切实舒缓你的厌烦情绪。此外，这种方法还能缓解由拖延引发的负面情绪，比如你拖延了某项工作，为了在截止日前完工，会强迫自己在办公桌前加班，别人都在休息和娱乐时，你却在辛苦工作，这种感觉无比糟糕，使用"瑞典奶酪法"规划零星时间，你就可以免去加班的痛苦。

"瑞士奶酪法"旨在利用零碎时间帮助你提升工作效率，想要掌握这种方法你必须学会"钻奶酪"，充分了解自己在每个微小的时间碎片里究竟能做多少事情以及最适合做什么事情，以下几点建议可供参考：

5 分钟时间利用法：为繁重复杂的工作任务制作一份任务清单或

者核对清单，这项工作内容是比较容易完成的，不会耗用你太多的精力。你还可以利用这段时间阅读或清理部分邮件以及处理其他琐事。

10分钟时间利用法：整理你的电脑桌面，把文件按照项目分类放进文件夹，处理掉无用的信息，将和接下来的工作相接轨的文件放到最醒目的位置上。你还可以利用这个时间空当回复一些简短的邮件。

20分钟时间利用法：拟写一份工作大纲，弄清整个工作任务的脉络和骨架，回复一些被你延迟了的电话。

其他时间你可以根据自己的需要来拆解，每天要在自己的任务奶酪上打多少个小孔可视个人情况而定。"瑞士奶酪法"适合处理琐碎的事务，比如做笔记、打电话、查资料、整理文件、核对工作执行情况、回复邮件等，只要你完成了部分工作内容，即使完成的只是核心工作的一个个碎片，也会真切地感受到重要的工作在有条不紊地进行着，这和你面对一个巨大的任务奶酪却无从下手的感觉是完全不同的，这就是"瑞士奶酪法"的妙处。

意大利香肠法——像切香肠一样分解工作任务

拖延者最难掌控周期长的工作任务，这样的工作会让人产生一种错觉，使人误以为拖几天再开工也不会误事，结果拖来拖去就临近最后期限了，在最后时限里冲刺的感觉是非常痛苦的，很多人都不喜欢那种时间被挤压的感觉，不知暗暗发过多少次誓，以后再也不拖延了，可是事后还是会犯同类的错误，这是为什么呢？

仔细分析你会发现，凡是周期长的工作任务基本都是庞杂而艰巨的，人们在接受这类任务时都不会感到轻松，因此拖着一直不愿意动工。针对这种情况，有人提出了"意大利香肠法"来管理时间，假如你接受了一项工程浩大、周期冗长的工作任务，可以像切香肠一样把它切成若干个小段，如果你仍感到焦虑，就把小段的工作继续拆分成小片，这个切段又切片的过程和切香肠如出一辙，该方法因此得名。

意大利香肠在切开之前过于粗大，没有人有信心能把它几口吞下去，可是把它切成薄薄的小片之后，再去品尝它你就完全感觉不到压力了，悠然之间便能享受它的美味。当你被一项重要工作困扰时，其感觉与将要大啖整根意大利香肠无异，害怕自己被噎到，担心消化不良，于是总想拖延，若是把它分解成若干个可立即着手去做的小任务，而不是强迫自己去面对整项工作，那么你就能重新获得掌控感，心情愉快地投入细小的工作当中。

将一支火箭成功发往月球需要达到一定的速度和质量，通过一系列精密的计算，科学家们得出的结论是，人类若想把火箭发向月球，火箭的自重至少要达到 100 万吨，这个数字是无比惊人的，把100 万吨的重物发向太空几乎是不可能的。于是科学界达成了一种共识：把火箭送上月球是天方夜谭，这是人类在现有科技环境下不可能做到的。

在相当长的时间段里，人们坚信人类没有能力把笨重的火箭发向月球。直到有人大胆提出了"分级火箭"的构想，一切才开始有了转机，其实施方案是把一支重达百万吨的火箭分成若干级，让第一级把其他级推到大气层时就自行脱落，以便减轻自身的重量，火箭成功瘦身以后其他部分就能顺利地到达月球了。人类就是靠着这种化整为零的方法，把运送火箭的工作任务分解成若干步骤，把重达百万吨的火箭分成分级火箭，然后成功把它发射到了月球上。

对于一项周期较长的工作，所要分解的片段数目可能会很多，这就好比火箭越重，想要把它发射到太空去需要将其分解为更多级的小型火箭一样，如果以意大利香肠而论，香肠越粗越长，所要切的段数和片数都会越多,因此在分解任务时,你最好制作一个长表,每一栏填入的最好是几分钟内就能做好的工作,以此降低工作的难度,对于纠正拖延心理有着立竿见影的效果。在分解任务的过程中需遵循以下步骤:

1. 明确分辨任务和行动

行动是你可以马上着手去做的事情,比如制作一个表格、回复客户电话、办理一项驾轻就熟的简单业务等。整个流程对你来说是非常熟悉的,你可以立刻去做,无须规划和思考。而任务指的是你必须经过精心规划才能完成的事情,比如你是一个讲师,工作任务为到各地演讲,你需要考虑不同地域的听众需求、准备课件和演讲稿,这项工作需要经过规划才能做好。

2. 把工作任务分解成具体的行动,让行动更加明确

运用"意大利香肠法"要优先处理行动,不要让自己一开始就面对令人倍感头痛的任务,最好的办法是把任务分解成若干个行动。比如你接到了为项目汇报会做准备的任务,可以将其分解成以下行动:

通过电话和项目经理进行沟通,听取他的意见和想法;

收集有关该项目的相关资料;

制作PPT;

美化和润色PPT,使格式更加美观,文字更具说服力;

将报告会上所要宣讲的内容至少练习2遍;

预定场地;

邀约参加项目报告会的相关人员。

3. 批次处理

把相同或相似的行动集中到一起处理,多个行动同步推进,以此来提高自己的办事效率。以打电话这个行动为例,你打算和项目经理、同事、朋友、客户都通过电话的方式沟通,询问的又是同一

件事情，即选择报告会的场地问题，不妨在同一个时间段内——打电话沟通，这样做的好处是可以提高工作效率，而且集中时间打电话比分散时间打电话更有利于你处理手头的工作，因此在短时间内你能听到各种意见和声音，印象会比较深刻，思路也会较为清晰。如果在不同的时日内跟不同的人沟通，你可能会忘记对方的答复，有效信息会在不知不觉中流失。

结构化拖延法——原来拖延也可以很艺术

很多拖延者都为同一个问题而倍感苦恼，如果拖延症治不好怎么办？斯坦福大学哲学教授约翰·佩里用戏谑的口吻对我们说，那就干脆不要治了，开开心心地拖延下去吧，先把令人生厌的工作放到一边，积极地做些自己想做的事情，无论它是否重要，只要自己高兴就好。凭借这种玩世不恭的潇洒态度，他荣获了 2011 年的搞笑诺贝尔文学奖。

约翰·佩里提出的工作方法叫作结构化拖延法，结构化拖延法指的是从小件的、优先性较低的事情做起，将需要攻克的重要工作暂缓执行，从不那么重要的事情中你仍然可以获得成就感，这有助于你打起精神集中精力完成更重要的工作。这种"战拖"方法显然和其他方法大不相同，它表面看来似乎毫无杀伤力，然而取得的效果一点也不亚于其他应对拖延症的战术。

詹姆是一个慢性拖延症患者，在计划完成一项重要任务时，总是要延迟一阵，但这并没有给他的工作和生活带来太坏的影响，相反他劳逸结合的工作方式使他生活得更为快乐和充实。很多人都感到好奇，为什么他能悠然自得地做那么多事，他不但教书，还有空画画、写作、骑马打猎、参加化装舞会，这真是太不可思议了。

詹姆不像其他拖延症患者那样对自己的拖延行为痛心疾首，他针对自己的情况，采取了积极拖延的策略，始终遵循这样一条心理学原理：无论一项工作的工作量有多大，只要这项工作不是当务之急，就一定能顺利完成。比如星期一他刚刚起床时，就开始为一天的工作做计划，意识到有些信件需要回复了，科学类杂志也该整理了，他还要整理简报，还得给报社写一篇稿子。

首先詹姆吃了一顿丰盛的早餐，还享用了一点甜点，感觉精神不错。用完餐后，他坐在电脑前，觉得最重要的工作是写稿子，可是眼睛却瞟向了一摞科学杂志，杂志就放在伸手可及的位置，他把写稿子的事情延后了，整理了一会儿杂志，然后拿起自己最喜欢的几本，津津有味地读了起来。读完了若干篇有趣的文章，他觉得大有收获，激发了写作的灵感，但是他还是没有立即动笔的念头，于是又开始整理简报，这是项辛苦的工作，可是比写稿要容易些，没花多长时间，他就阅读了很多科学杂志的文章，做好了一叠简报，接下来就该写报纸约稿了。

很快，詹姆就拟好了标题，发现桌面不是十分整洁，就花了5分钟时间擦拭桌子，在挪动桌面上文件资料的时候，看到了厚厚的一沓来信，心想不妨先通过写复信来练练手，写稿就会更有感觉了，于是开始写回信，写完了好几封回信，詹姆才开始写约稿，下笔非常顺利，几乎一气呵成，很快就把那篇难写的稿件写完了。

拖沓的人并不是什么也不做，他们还是会做些自己喜欢的事情，比如整理桌面、翻看杂志、读几篇让自己捧腹大笑的小文章等，这些事情有的跟工作相关，有的跟工作完全不相干，那么拖延者为什么要在这些事情上浪费时间呢？因为他们想逃避更难的工作任务。结构化拖延法针对这种情况，可以在不违背拖延者意愿的情况下，更合理地安排和规划时间，其基本步骤如下：

1. 制作一天的任务表单，将工作任务由易到难依次填入表单

显然，任务表单最顶端的工作是最让人头痛的，它是你最想逃

避最不愿意做的事情，强迫自己立即着手去做并不容易办到，在这种情况下你不妨暂缓执行这项工作，在正式着手这项工作之前先做一些难度较低的工作。当然你要合理规划好每项工作任务的时间，确保所有的工作都能在当天完成，而不是拖到下一天。任务表单必须和时间列表相结合，以防你一直在处理紧要的事情，将重要工作不断延迟执行。

2. 按照任务表单的顺序依次执行工作

先从最简单最容易的事情着手，以便让自己迅速获得成就感，需要注意的是不能让自己在无关紧要的任务上花费过长的时间，必须按原计划执行，不能刻意增加不重要任务的内容，也不能任意延长执行时间。

3. 检验一天工作成效，总结其中的经验和教训

按照"结构化拖延法"工作一天之后，要及时检验工作效果，分析一下这种工作方法是否适合自己。不妨问问自己以下几个问题：

（1）当天的工作全部都做完了吗？

（2）重要工作是保质保量完成的，还是仓促赶工完成的？

（3）和以前相比，当天工作效率是提升了还是降低了？

（4）整个工作过程心情如何，是更放松了还是更沉重了？

采用"结构化拖延法"工作需要注意的是，该方法更适合处理难度较大、较为重要但不那么紧急的工作任务，处理非常紧急的工作任务要慎重考虑采用，比如上司让你立即去做一张报表，要求你一个小时后必须上交这份报表，你也许觉得做报表有难度，也很讨厌这项工作，可是由于时间紧迫，你不宜在不那么紧急的工作任务上浪费时间，因此是否适合采用"结构化拖延法"来处理工作，主要取决于任务截止的时间。

此外，在运用"结构化拖延法"工作时，你必须学会调理自己的情绪。即使取得一点小小的成就也要为自己鼓掌，不要因为自己

开始时只做了一些小事而失落,所谓"千里之行始于足下",即使迈出一小步也是值得庆贺的,这比你拖延时间,一步也不肯走要好得多。不要因为自己把难度大的工作拖到后面做而感到羞耻,你已经对自己的工作做了全面的安排,可以保证重要工作也能顺利做完,这没有什么好羞愧的,因为畏难把重要工作拖到做不完的地步才应该惭愧,而采用"结构化拖延法"合理拖延工作只是为了保障工作的顺利执行,它是帮助你降低拖延症破坏力度的有效工具,而不是让你放任自己,因此大可不必为此太过纠结。

平行做事法——联合"战拖"更有效

在与拖延症斗争的过程中,你是绝对的主角,决定着这场战役的胜败,可是孤军奋战难免倍感孤独苦闷,如果有人能和自己并肩作战,心情就会大不一样。为此简·博克和莱诺拉·袁在《拖延心理学》中介绍了另一个战胜拖延症、有效管理时间的好方法——平行做事法。

什么是平行做事法呢?就是安排另外一个或多个独立做事的人和自己一起工作。比如一些厌恶自己工作的人,可以定期聚在一起,每人带上一台笔记本电脑以及所需要的相关文件资料,各自做各自的事情,互不影响,彼此监督,以此克服拖延时间的恶习,这样做的好处是在他人的影响下增强了时间观念,而且有助于自己建立新的社交网络。

李峰在读硕士时发现自己没有办法忍受实验室里枯燥的学习,于是他想方设法逃离实验室,学业受到了很大影响,更为糟糕的是,他患上了拖延症,每次拟写实验报告他都感到厌烦,拖了好多天都没有提笔。毕业后,他没有从事本专业的工作,一方面是因为生物专业就业前景不是很乐观,另一方面他对本专业已经没了兴趣,所以改行做了一名杂志编辑。

工作以后，李峰的拖延症越来越严重，他对自己的前途充满了担忧，每当看到编辑邮箱积满了投稿，他就感到分外难过，在此期间，还不断有信如雪花般地涌来，大部分信件他都没拆开过，这样下去很多优秀的稿件都会被埋没，杂志的质量和销量都会受到影响，他觉得自己早晚会出局。

在杂志社工作半年多，他认识了不少编辑，在得知很多编辑也有拖延症，积压了大量未阅读的稿件之后，几个人商定定期聚在一起阅读来信，每周三和周五下班之后，他们聚在李峰家里，各自读着各自的稿件。有一次李峰觉得坚持不下去了，很想把约定的读稿时间推迟半小时，遭到了同行的一致反对，由于可以互相监督、彼此提醒，几个编辑对时间的掌控能力有了很大的提升，他们还结合"番茄工作法"，约定每25分钟阅读一定量的稿件，通过"平行做事法"，他们及时读完了所有积压的稿件，发现了不少具有潜力的作者，提升了杂志稿件的质量，因为经常聚在一起办公，几个编辑都成了好朋友。

很多拖延者在"战拖"的道路上都比较排斥对外求援，只有到了逼不得已时才会向外界寻求帮助，因为他们一向把寻求外界支持看成一种失败，这是自尊心使然，每个人都希望完全依靠自己的力量解决自身的问题，自己扮演英雄角色或充当救世主，谁也不愿意变成被拯救的弱者。在人们的固有观念里，被拯救便意味着无能，这会使人感到羞愧。自尊心过强、心理较为脆弱的拖延者很难突破自身的心理障碍，就会错过平行做事法给自己命运带来的改变。

承认自己一贯把时间管理得一团糟好像是件十分难为情的事，可是拖延者每天都不能打理好自己的时间，这是毋庸争辩的事实，因为拖延而浪费的光阴累加起来将是一个惊人的数字，停止拖延是势在必行的事情。如果一个人"战拖"太辛苦，而且希望比较渺茫，为什么不能适当地借助外界的力量来改变自己的生活呢?尝试一下"平行做事法"吧,如果你因此战胜了拖延症,自尊心将得到极大提升,不要为了一时的难为情错过了一套科学的战拖方法。如果你已经打算尝试这种方法了,不妨了解一下它的操作步骤,具体有以下几个步骤:

1. 选好可以支持自己战拖的伙伴

环境对人的影响力是巨大的,你周围的人的行为对你会产生潜移默化的影响。俗话说,"物以类聚,人以群分",仔细观察你会发现很多人都会被周围的环境所同化,比如已经戒烟成功的人,如果有很多喜欢吸烟的朋友,摘掉烟民帽子没多久又会成为吸烟者;而一个人如果身边的朋友多数大腹便便,很快他也会发福,因为朋友不加节制的饮食习惯促使他胃口大增。寻找"战拖"伙伴需要慎重,找对人,才能借助他人对自己的正面影响,渐渐摆脱拖延症。

2. 和"战拖"伙伴一起协商时间管理计划

采用"平行做事法",沟通很重要,不要以为这种方法就是简单的各行其是,"战拖"成员之间在一起工作时需要协商时间管理计划,这一步非常关键。每个人的工作性质可能各不相同,所以大家显然不能按照同一张时间表做事,那么协商的意义又在哪里呢?在于互相监督。如果你制定好了自己的时间规划表,需要将其公布给每个成员,这样在你产生拖延的想法时,行为就会被集体纠正过来。

3. 与"战拖"伙伴合作,互相检查工作执行情况

与"战拖"伙伴建立平等互信的关系,开诚布公地公布自己的战拖计划,以及工作任务截止的时间,当日把自己的工作成果交付给"战拖"成员检查,同时负责检查其他成员的工作状况。如果"战拖"小组人数较多,可安排每两个人为一对合作伙伴,互相检查其工作情况,以便更好地节省时间。

采用"平行做事法"工作需要注意的是,要事先预防意外情况

的发生，比如交通拥堵，个别人员迟到，或者天气异常，小组成员当日无法到场等，这些情况要充分考虑在内。此外，要严防战拖小组性质变异，大家聚在一起主要是为了工作，不要去做一些与工作毫不相干的事情，比如打游戏、踢球等。在做时间管理规划时可结合其他时间管理的方法，比如"番茄工作法"，每个人可根据自己的需求设置番茄时间段，然后让战拖伙伴检验自己的工作效果，也可以设置一个"集体番茄"，大家约定共同遵守的一个番茄时间段，每个人公布自己在这个时间段内所要完成的工作量，然后彼此监督，互相检查执行情况。

时间管理黄金法则——追求高效要讲求方法

你还在因为拖延症而苦恼吗，还是想用光速在最后时刻完成不可能的任务吗？依旧白天拖拉晚上挑灯夜战吗？还在忍受同事的挑剔和老板的责骂吗？这些不愉快的经历一定让你非常惆怅吧。如果你不曾偷懒，反而每天比别人更忙碌，心里一定会感到分外委屈。这不是一个付出越多，就一定收获越多的时代，工作不得法，自然会事倍功半，要想取得事半功倍的效果，就必须掌握提高工作效率的科学方法。

拖延者被迫加班的根本原因就是低效，同样的时间，高效能人士可以完成更多的工作，同样是每天 8 小时的工作时间，高效能人士完成的工作量可能是拖延者的好几倍。自然界的法则是快鱼吃慢鱼，这是一个讲求速度和效率的时代，低效就代表着落后，而落后就会被淘汰出局，长期保留拖拖拉拉的做事习惯是危险的，因为它会让你始终处于竞争的劣势地位，危及你的职业发展。

有两个到非洲考察的人，忽然迷失了方向，走在这片空旷而陌生的陆地上，他们感到危机四伏，担心自己会成为野生动物的美餐。

他们正提心吊胆地探路时，突然有一只凶猛的狮子朝他们跑了过来，其中有一个人立即从旅行袋里掏出了一双运动鞋穿上，另外一个人摇头叹息说："你穿鞋没有用，你不可能比狮子跑得还快。"那个人说："在紧要关头，我只要跑得比你快就行了。"

其实时间就好比故事里的狮子，你不可能比它跑得更快，可是只要你走在了竞争对手前面，就能使自己由被动转向主动。你不一定比别人拥有更多的空闲时间，但是却可以比别人更有效率。高效工作指的是在最短的时间内获得最大的产出，它不是指以牺牲品质为代价片面追求速度，而是指采用科学的方法，遵循一定的时间管理法则，让你的工作效率倍增，改变你拖沓做事的习惯。

有一天，有位时间管理专家应邀给一所商学院的大学生授课，在课堂上，专家将事先准备好的教学工具——一个敞口瓶放到了讲桌上，用平和的口吻说："下面让我们来做个小小的实验。"说完，他把一堆大大小小的石块一块块地装进了瓶子里，直到瓶子完全被装满，有的石块还高出了瓶口。他问学生："瓶子装满了吗？"全体学生不假思索地回答道："满了。"

专家微笑着从桌子底下取出一桶碎小的砾石，使之填满石块的间隙，他接着问："现在瓶子满了吗？"学生们不再那么轻易作答，而是思考片刻后，给出了一个留有余地的答案："可能还没有。"专家高兴地说："很好！"于是又从桌底取出了一桶沙子，把沙子慢慢地倒进了瓶子里，细沙把砾石和石块间的间隙都填满了，他再次问学生："瓶子满了吗？""没满。"学生们觉得专家还会把更细小的东西装进瓶子。

专家果然又有了新的行动，他把一壶水倒进了瓶子里，然后问："这个实验说明了什么？"一个学生回答说："这个实验告诉我们，无论你把工作和学习的时间安排得多么紧凑，你都没有发挥自己的最大潜力，只要再加把劲，你就能干更多的事！""不对。"专家摇摇头

201

说，"那不是我今天想要告诉你们的寓意。通过这个实验我想告诉你们的是，如果你不先把大石块放进瓶子里，就再也没有办法放其他东西进去了。想要把一只瓶子装满石块、砾石、沙子和水，一样都不少，必须合理安排它们的顺序，否则就算你浪费再多的时间也没有用。"

这个故事说明做事的方法直接影响做事的效果，不能策略性地分配工作任务就是浪费时间，将石块、砾石、沙子和水依次装满瓶子只需很少的时间，可是如果颠倒了它们的次序，就算浪费再多的时间和精力也不能达到目的。这说明讲究工作方法是非常重要的，那么我们在管理时间时，遵循哪些黄金法则更有助于提升工作效率呢？

1. 策略地分配时间

高效工作并不是指要像不知疲倦的机器人那样不间断地疯狂工作，因为那么做并不能提高工作效率，反而会使工作效率不断降低。每个人都是血肉之躯，没有适度的休息，身体机能就会崩溃。长时间疲劳工作，精神状态会越来越差，工作效率也会因此持续走低。所以不要把各项工作的时间衔接得太紧，过度劳累会使你对工作产生排斥情绪，进而导致拖延行为。要学会策略地分配时间，使自己始终保持良好的工作状态，促进工作效率的提升。

2. 设置接触障碍，保证自己在时间截点内完成相应的工作量

在工作过程中，你会不可避免地受到短信、电话、邮件的干扰，如果处理这些事务并不会浪费你太多时间的话，你可以用较快的速度完成这些琐事，但是，如果电话频繁地打进来，或者邮件一封接一封地发过来怎么办？为了保证重要工作顺利做完，你必须学会设置接触障碍，让别人不那么容易接触到你，防止繁杂的事务夺走你的宝贵时间。比如关闭手机、关掉 QQ，暂时不理会他人发来的邮件，并为手头的工作设置时间截点，确保自己在这段时间内不被外

界打扰，集中精力做完该做的事情。

3. 做事之前多思考，严格按照时间计划表执行工作，决不拖延

每天都要为自己制订时间管理计划，在制订计划后，还要思考一下，怎么做事才能达到最佳的效果，不要仅凭经验按部就班地工作，而要摸索出更有效的工作处理方法，不断改进自己的工作，提升效率。着手工作以后要按照时间计划表执行，不能拖延工作，必须做到今日事今日毕。

4. 掌握好工作节奏，使之张弛有度

你不可能从早到晚始终保持相同的工作效率，也不可能每个小时都保持百米冲刺的状态，所以要控制好工作的节奏，做完高强度的工作后，可接下来做些低强度的工作或者干脆休息 10～15 分钟，不要让自己接连去做高强度的工作，因为那样你的身体会吃不消，心理健康也会受到影响，身心俱疲的情况下更容易引发拖延行为。

5. 尽量减少工作间的频繁切换，合理安排每项工作的时长

频繁切换工作会让人心情浮躁，不利于集中精神，这就好比你在观看电视栏目，不停地按着遥控器换台，结果一个完整的节目都没看成。要按照每项工作任务的性质合理安排时长，确保自己在规定的时间内完成一定的工作内容，工作之间切换的次数要以不影响自己的工作状态为宜。

柳比歇夫时间统计法——精确统计你消费的时间

人们对于金钱的开销向来比较敏感，有的人甚至对零星的支出都了若指掌，可是对于时间的支出却显得比较麻木，绝大多数人都不会统计自己消费了多少时间，拖延者更不会统计自己因为拖延究竟浪费掉了多少时间。古语云："一寸光阴一寸金，寸金难买寸光阴。"金钱耗尽了，你可以重新积累，可是光阴流逝了，你无论花多

少钱都不能挽回。金钱购买不了时光，购买不了青春，在时间的法官面前，金钱成为不了通行证，所以从这个角度来讲，时间是无价的，它比印有任何具体面值的钞票都更为珍贵。

有一名男子到富兰克林报社前的商店里买书，他犹豫了近一个小时的时间才拿起一本书问店员："这本书多少钱?"店员随口答道："1美元。"男子觉得太贵，开始讨价还价："能不能便宜一点。"店员说："非常抱歉，我不能把书便宜卖给你，因为它的定价就是1美元。"

男子不甘心，又问："请问富兰克林先生在吗?"店员说富兰克林正在报社的印刷室里工作，希望男子不要打搅他办公，可是男子执意要见富兰克林，店员没有办法，只好请富兰克林到商店里来。

见到富兰克林后，男子问："富兰克林先生，这本书最低价格是多少钱。"富兰克林脱口而出地说道："1美元25美分。"男子吃惊地说："可是一分钟前，你的店员还说它的定价是1美元。"富兰克林说："定价没错，可是我宁愿倒贴1美元，也不愿耽误我的工作。"意思是男子耽误了他办公的时间，就理应多付25美分。

男子迟疑了一下，又问："那么这本书现在最少要多少钱呢?""1美元50美分。"富兰克林又涨价了，男子惊叫起来："怎么又变成1美元50美分了? 你刚刚不是说这本书是1美元25美分吗?"

富兰克林生硬地说："没错，不过现在这本书就是这个价钱。"男子最终放弃了讨价还价，因为他知道继续占用富兰克林的时间，书的价格还会上涨，最后他默默地把1美元50美分放到了柜台上，拿起书离开了商店。

富兰克林给男子上了生动的一课——浪费时间就是浪费金钱。时间是组成生命的材料，远比金钱更值得珍惜。苏联作家格拉宁在《奇特的一生》中曾写下过这样一段话："人最宝贵的是生命，但是仔细分析一下这个生命，可以说，最宝贵的是时间。因为生命是时间构成的,是一小时一小时、一分钟一分钟积累起来的。"这段名言其实出自该书原型人物苏联昆虫学家柳比歇夫之口,他56年如一日地对时间进行定量的管理,建立了科学的时间统计方法——柳比歇夫时间统计法。这种时间管理方法主要是通过记录事件、分析时间、消除时间消费、重新安排自己的工作时间来对时间进行定量管理,非常适合广大拖延者使用。

柳比歇夫从26岁时起就开始实行"时间统计法",每天都要精确计算自己消耗的时间,每天做一个小结,每月做一个总结,每年做一个年终总结,直到去世为止,他严格按照这套统计方法来管理自己的时间,他一生共发表过70多部学术著作,内容涵盖昆虫史、科学史、农业遗传学、植物保护、进化论、哲学……柳比歇夫能获得如此丰硕的科学成果,自然要归功于他的时间管理方法。

柳比歇夫日统计时间表如下:

1964年4月7日。分类昆虫学(画两张无名袋蛾图)——3小时15分。鉴定袋蛾20分。(1.0)

附加工作:给斯拉瓦写信——2小时45分。(0.5)

社会工作:植物保护小组开会——2小时25分。

休息:给伊戈尔写信——10分;阅读《乌里扬诺夫斯克真理报》10分;阅读列夫·托尔斯泰的《塞尔斯托波尔纪事》——1小时25分。

基本工作合计——6小时20分。

1.0和0.5是预计耗时与实际耗时之间的出入。

柳比歇夫把工作划分为两类,一类是基础工作,包括写书、搞研究和阅读参考书、做笔记、写信等例行附加工作;另外一类工作包括做学术报告、开学术研讨会、讲课、阅读等不属于科研范畴里的工作。他每天统计的都是第一类工作的时间,每月月底会做一个总结。

柳比歇夫的月总结如下：

基本科研——59 小时 45 分；

分类昆虫学——20 小时 55 分；

附加工作——50 小时 25 分；

组织工作——5 小时 40 分。

合计 136 小时 45 分。

柳比歇夫每年年底要用十七八个小时写年度总结，以此来了解自己利用时间的效率，他的年度总结如下：

第一类工作计划 570 小时（实际 564 小时 30 分）；

路途往返计划 140 小时（实际 142 小时）；

交际计划 130 小时（实际 129 小时）；

处理私事计划 10 小时（实际 8 小时 30 分）。

每年年底柳比歇夫都会对自己管理时间的情况和上一年相比，以此判断自己是不是在利用时间方面更加进步了。除了每年都要做年度总结外，柳比歇夫每五年还要对过去所做的工作做一次汇总。

要想管理好自己的时间，首先要像柳比歇夫那样精确了解时间的消费状况，并详细对其加以记录，这样才能通过分析自己利用时间的情况，设法消除浪费时间的因素，最大限度地提高时间的有效利用率，从而达到科学管理时间的目的。柳比歇夫时间统计法是建立在精准的数字统计的基础上的，它能够真实客观地反映你的时间消耗状况，有助于你养成合理管理自己时间的习惯，其操作步骤如下：

1. 准确记录自己每天的时间消耗情况

每日在一天工作开始前，做出详细的时间计划表，然后运用记事簿、耗时记录卡、工作计时表等工具，真实准确地记录自己每日的时间耗费情况。

2. 分类统计时间耗费情况，并绘制成图表

每填写完一个时间区段以后，按照工作内容对时间耗用情况进行分类统计，看看用于基础性工作耗费了多少时间，用于开会、检查工作及翻阅资料等辅助性工作耗费了多少时间，并绘制成可以一目了然的图表。

3. 根据统计情况分析时间耗费是否合理，总结自己关于时间管理方面的不足之处

将实际耗用时间与计划时间相对照，分析时间浪费的因素，看看自己做了哪些不该做的工作，犯了哪些以前犯过的错误，因为拖延浪费了多长时间，是否在处理人际关系上消耗了太多时间。

4. 根据分析结果制定消除浪费时间因素的措施

对症下药地制订消除浪费因素的计划，反馈于下一个时段的时间管理，全面改善时间管理水平。

5. 定期总结，每月、每年都要做一个小结

"柳比歇夫时间统计法"可用于长期时间管理，"战拖"是一个长期的过程，很多拖延者在短期内克服了拖延的恶习，可是后来老毛病又复发了。"柳比歇夫时间统计法"是检验拖延行为是否卷土重来的一种有力的工具，每月、每年都要对自己的时间利用情况做一次总结，长期跟踪自己的拖延行为，并为下一个时间段的时间规划打下基础。

运用"柳比歇夫时间统计法"需要注意的是，时间记录必须是真实和准确的，即你必须在工作现场及时做记录，不能在下班后补记，切勿凭记忆记录，因为人对时间的估计通常是不可靠的，记录的误差不得大于 15 分钟。根据计划时间与实际消耗时间的差，分析时间管理存在的漏洞，并对下一时段的时间规划做出妥善调整。

二八法则——省时省力的工作宝典

不知你是否留意到，有时一小部分时间比其余大多数时间的价值更大，比如一天之中把握好了精神状态最振奋的黄金几小时，所完成的工作量比加班一天的工作量还多。其实这种现象遵循的就是"二八法则"的原理，"二八法则"认为较小的投入和努力往往能产出较大的成果，乍听起来宣扬的似乎是少投入多获得的悖论，而实际上它揭示的却是一个普遍哲理，有时候你把握好较小的因素，就能带来翻倍的效益，也就是说以小博大完全是可行的。

在你的日常工作中，只有20%的事务是至关重要的，它们会对你的一生产生重大影响，而80%的事务都是琐碎空洞的例行公事，它们并不是十分重要，对你的影响非常有限。这就意味着关键的工作不会多，而微不足道的事情却总是一堆，挤占了你太多的宝贵时间。

按照"二八法则"的说法80%的成果源于20%的付出，把握好20%的因素，就能得到巨大的产出。在理想状态下，一分耕耘一分收获，可是在现实生活中，付出和收获呈现出的是一种不平衡的状态，比如公司80%的收益来源于20%的客户，一名员工80%的工作业绩来源于20%的付出，"二八法则"在我们的工作和生活中无处不在，凡是洞悉它的人都能由此受益，对于拖延者来说，了解和运用"二八法则"有助于大大提高工作效率。

理查德·科克在牛津大学学习时，学长给他提出的建议是，没有必要一页一页地把整本书读完，因为那样会影响学习效率，读书重在领会一本书的精髓，然后用最短的时间攻克它，不要浪费时间把一本厚书从头到尾地读完。学长的意思是一本书80%的价值涵盖在20%的页数中，所以读完整部书的20%就可以了。

理查德·科克接受了这种观点,在分析完过去的考试试题后,他发现如果把握好与课程相关的20%的知识就能答对试题中80%的题目,所以专于一小部分知识的学生学习成绩更加优异,也给考官留下了极为深刻的印象,而那些学识广博却什么都不精通的学生一直表现平平,几乎从未引起考官的注意。理查德·科克把"二八法则"运用到了学习生活中,他没有夜以继日地拼命学习,而是致力于用合理的时间钻研最有价值的知识,不但减轻了学习压力,收效还非常显著,他的成绩一直不错。

理查德·科克毕业后加盟壳牌石油公司,在炼油厂上班,他认为自己年纪轻、工作经验少,最适合做咨询工作,于是动身去了费城,顺利拿到了工商管理硕士学位,之后受雇于美国一流的咨询公司,薪水非常优厚,是壳牌石油公司的4倍。

在咨询公司,理查德·科克发现了很多和"二八法则"有关的事例,比如咨询公司80%的成长来自专业人员不足20%的公司,80%的快速提升只有小公司里才有,它和是否有才能并不绝对相关。当他跳槽到另一家咨询公司后,发现这里的同事比以前的同事更有工作效率,他们工作更加勤奋努力,充分利用了"二八法则"的杠杆效应,他们明白公司80%的利润源自20%的客户,因此把主要的时间和精力都投放在了关注大客户和长期客户上,别的咨询公司都把工作的重点投放在了开发新客户上,而这家公司只关乎给公司带来80%利润的那部分客户,所以这家咨询公司的效益更好,咨询师工作效率更高。

理查德·科克又发现咨询师所付出的努力和报酬也不是绝对成正比的,两者之间的关系并不密切。聪明的咨询师注重的是工作成效,而不是努力的过程,像老黄牛一样苦干往往没有什么成果,更不能取得辉煌的成就。

当时理查德·科克就职的咨询公司旗下拥有数百名正式员工,

约有 30 个合伙人，公司 30％ 的利润流向了人数仅占合伙人 4％ 的创立者手中。后来理查德·科克开创了自己的公司，成了可以获得更多利润的创立者。6 年后他辞职，把股份卖给了合伙人，用收益的 20％ 投资给飞罗传真公司，后来他又把钱投到了连锁店和其他投资上，投资总额占他总资产的 20％，带来的收益却相当于他后来累计投资所得的 80％。理查德·科克认为 80％ 的利润是 20％ 的投资创造的，只要在关键投资领域投入了 20％ 的成本，就能获得高额利润。

传统的观念告诉我们绝不能把所有的鸡蛋放在一个篮子里，可是 "二八法则" 却主张谨慎选择一个篮子，把全部的鸡蛋都放进去，然后毫不放松地盯紧它。这个法则不仅适用于商业领域，对于我们的工作也有重要指导意义，比如利用 20％ 的时间创造出 80％ 的价值。"二八法则" 对于拖延者的意义更大，如果你总是无法控制自己爱拖延的毛病，总要处理一些无关紧要的事，那么不妨把这些事情集中在一天精力最差的时间段做，而把最主要的事情安排在自己精力最旺盛的时间段，也就是说充分把握好 20％ 的时间，一丝不苟、精神高度集中地做完最重要的工作，其余 80％ 的时间你可以选择部分时间来拖延和浪费，专门做些次要的或者是不重要的事情。

按照 "二八法则" 管理时间可以把你从瞎忙的误区中解放出来，能够让你通过在 20％ 的时间里高度投入创作出 80％ 的成就和价值。既然你已经了解了 "二八法则" 的奥秘，不妨用实际行动去检验和证实它吧，其具体实施步骤如下：

1. 重新审视工作时间表分类的合理性

通常情况下，上班族会把工作分为紧急的、重要的、不紧急也不重要的、既紧急又重要的四大类，然后根据情况来选择投放的时间和精力，这种分类方法并不能让人厘清不同工作的价值区分，即哪些工作能给自己带来更高的回报，哪些工作对于个人发展基本没有什么价值，这样辛辛苦苦地工作，即使成了最敬业的工作狂，也未必能取得更大的成就。

按照"二八法则"分析，20％的时间创造了80％的成果，因此这20％的时间可谓弥足珍贵，应该用于处理更有价值的工作中，而其余80％的时间无论你怎么拼命工作，所得的收获也仅占20％的份额。重新审视一下你的时间工作表的规划状况，你会发现它并不十分合理，对你的职业发展也没有实质性的帮助，所以你要进行时间管理革命，重新制作一张时间工作表。

2. 有意识地缩短低价值低回报工作的时间，或者有选择地剔除部分内容

你的工作内容就像衣橱里的一件件时装，廉价过时的旧衣物需要被整理或者抛弃，只有这样才方便你挑选适合自己的衣服。如果把过时的衣物放在最显眼的位置显然是不合理的，让它们占据太大空间也属于一种资源浪费。不要让低价值的活动骗走你的宝贵时间，更不要因为回避有压力有难度的工作而刻意拖延时间，把时间浪费在低价值的工作上，首先你要学会甄别哪些活动是低价的，才能对其采取相应的策略。

代替别人而做的工作通常都是低价值的。如果你是一个拖延者，恐怕连自己的本职工作都不能如期完成，怎么能额外包揽别人的工作呢？或许你因为人情缘故不好意思推托，可是替别人工作会拖你的后腿，把它安排在自己的时间表里更是不可取，比较合适的做法是委婉地阐明自己的状况，拒绝替别人工作，将这份工作内容完全从时间表里划掉。

琐碎的沟通工作是低价值的。沟通对于团结合作至关重要，但不是所有的沟通都需要面对面一一解决。比如员工的工资计算方式做出了调整，正常情况下，财务人员有必要给予明确的解释，一一接待来咨询的同事会占用大量的时间，如果统一给每位员工发一个电子邮件，详细说明工资调整的细则，就能节省不少沟通时间。

千篇一律的例行公事价值量较低。比如给全体员工复印开会所需要的文件，如果第二天就要开会了，这项工作无疑是紧急的，可是紧急的未必是高价值的，它只是你不得不立即着手去做的事情，那么你愿意花费数小时来复印全体员工所需的资料吗？如果你有更为重要的事情去做，不妨给每个部门发一份电子邮件，让各部门的负责人安排相关工作人员复印。

3. 找出值得你花大量精力和时间处理的工作，将其安排在黄金时间段做

什么工作是高回报高价值的呢？当然不是那些简单的例行琐事，而是能真正改变你的命运，给你带来成就感和满足感的事情，比如使工作品质大大改善的创新工作、直接关乎你职务晋升的事、与你的绩效奖金密切相关的事……这些工作你应该放在黄金时间段来处理，安排在精力充沛的时间完成。

大脑不可能在一天 8 小时之内始终保持活跃的状态，黄金时间有自己的规律，在不同的时间段人的记忆力和推理分析能力都是有差异的。清晨时人的记忆力较强，从上午八点开始，大脑的推理能力增强，适合做需要周密思考的工作，下午两点至三点，大脑的反应能力最快，适合做一些决断性的工作。其余时间比如下午一点至两点、下午三点至五点的时间段，人的记忆力、推理能力、反应能力基本都处于低谷，可以做一些整理文件、查阅资料、回复邮件、拨打电话、收拾办公桌等琐事。不少拖延者把黄金时间段浪费在了这些无关紧要的琐事上，这是不合理的，如果这些不那么重要的事情确实能使你神经放松，那么把它们安排在精神状态欠佳的时间段来做，这样你的工作效率就会有实质性的提升。

第九章

静享专注时刻，
甩掉拖延的"帽子"

　　与其多箭齐发，不如一箭射中要害。任何力量一旦分散都会疲软，人的精力更是如此。拖延往往意味着分心去做别的事情，时间和精力的分割是密不可分的。触手可及的互联网为我们打造了一个精彩纷呈的虚拟世界，让人目不暇接的信息改变了我们的生活节奏，使我们的时间更为碎片化，不知不觉中我们的注意力就被网购和微博蚕食了，宝贵的时间就这样浪费掉了。

　　除了网络的诱惑，整理凌乱的办公桌和乱糟糟的文档也会消耗我们不少精力，其实它们往往会成为我们拖延的挡箭牌，为了逃避自己讨厌的工作，我们有一万个理由来说服自己，收拾办公桌、整理文档、喝杯咖啡、搞点小动作都能优先于我们的正式工作，这当然是典型的喧宾夺主。为了"战拖"取得成效，我们必须向这些分散自己精力的因素开炮，将其各个击破，直到把它们驱逐殆尽。当我们能静享专注时刻时，就已然甩掉了拖延的"帽子"。

心在别处，想说专注不容易

"拖拉斯基"是一个庞大的群体，他们就是活跃在你我之间的
"熬夜达人""加班超人""手机控""微博控"，这类人每次坐在办公
桌前都煞有介事地盯着电脑屏幕，好像在酝酿情绪，而实际上他们
的思绪早已像风中的蒲公英一样四处飘散了，时而被爆炸新闻吸引，
时而关注娱乐八卦，时而又在逛淘宝，好不容易让眼睛从网页上挪
开，又在手机上刷起了微信，几秒就沉浸在了好友的动态中，抬眼，
一堆工作一点也没做，真有点想仰天长啸的冲动啊。

拖延者时常为自己的分心和拖延行为而"怒发冲冠"，也无数次
想过要一雪前耻，于是挥刀斩落万千思绪，集中精力工作，马上欣
喜地发现即使自己没有太卖力，成果也比平时多出不少。可惜好景
不长，多数拖延者总是控制不了自己飘忽的思绪，不能让自己专注
地做事情，脑海里填满了各种欲望和冲动，总有一个声音在说："时
间多得很，明天再做也不迟。"可是没过多久又传来了孔乙己式的声
音："多乎哉，不多也。"在感性和理性的拉锯战中，感性总是毫无
悬念地占领高地。

人不可能同时高质量地完成两项或两项以上的事情，美国麻省
理工学院的神经学家厄尔·米勒经研究得出的结论是同时去做两项
或多项事情会耗用人类更多的脑力，我们的大脑只允许我们一心一
意地做好一件事情，而心神涣散、三心二意会让我们劳而无功。古
今中外，凡成大事者都具有一个共同的品质，那便是专注精神，他
们能忽略外界环境的一切干扰，甚至能忘记时间和空间，全心全意
地扑在自己钻研的事情上，达到物我两相忘的境界。

奥地利作家茨威格应邀到法国雕塑家罗丹家中做客，用完餐后，
罗丹让他参观了自己的工作室。两人来到一座刚雕好的雕像前，罗

丹轻轻地揭开雕像上的湿布，茨威格看见了一尊端庄秀美的女性雕像，忍不住赞叹道，又一件杰作诞生了。罗丹却不认为自己的这幅作品有多么了不起，他盯着女像端详了一会儿，锁着眉头说："不，还有毛病……左肩有点偏，脸上……抱歉，请等一等。"说罢，他拿起抹刀就迅速修改起来。

茨威格静静地站在旁边，没有发出任何响动，生怕打扰了这位雕塑家的工作。罗丹不停地调整着自己的姿势，一会儿上前，一会儿后退，嘴里不停地喃喃自语，眼睛里闪烁着逼人的光芒，神情异常激动，他的手在半空中不停地挥动着，地板被踩得吱吱作响。一刻钟过去了，罗丹没有停下手中的工作，半小时过去了，罗丹劲头更足了，情绪也达到了高潮的状态。他像个十足的醉汉，痴痴地对着女像微笑，似乎把整个世界都遗忘了。一个小时之后，他缓缓地舒了一口气，心满意足地盯着女像看了一会儿，又用湿布盖住了雕像。

茨威格见罗丹做完了工作，便打算走上前去庆贺，可是罗丹早已忘记了他的客人，兀自走了出去，差点把茨威格锁在工作室里。茨威格急得大叫："亲爱的朋友，我还在屋子里呢!"罗丹立即打开门，不好意思地对客人说："真对不起，我把你忘了，请不要见怪。"

茨威格并没有责怪罗丹的失礼，反而非常欣赏他的专注精神，日后他回忆说："那一天下午，我在罗丹工作室里学到的，比我多年在学校里学到的还要多。因为从那时起，我知道人类的一切工作，如果值得去做，而且要做得好，就应该全神贯注。"

改善拖延症要从培养自己的专注精神开始，首要步骤就是确定分散你注意力的行为都有哪些，你是不是总把宝贵的工作时间花费在浏览网页上，你是不是注意力总被频繁发来的邮件打断。知道问题的症结所在，你才能自发地克制这些不当行为。

你可以结合"番茄工作法"创建减少分心的记录方法，通过记录一天的活动来了解自己分心时最常做的事情是什么，借此观察自己的分心情况，提高自身的自控力，然后制定相应的策略来帮助自己提升专注力。其具体操作步骤如下（参照1—1图表）：

1. 制作一个简易的表格，在首行第二列填写当天日期，第二行填写工作时段，日期要精确到具体的年月日，工作时段以早上、中午、下午标注即可。

2. 在第1列表格，从第3行起依次罗列在运用"番茄工作法"的过程中让你分心的事情，每一行列举一条，比如上网、聊QQ、玩微信、焦虑、开小差、喝咖啡等。

3. 只要发现自己有分心的冲动，就找出罗列好的分心对应内容，在相应时段用蓝笔画正字计数。比如在上午9点的某个番茄时间段内，你很想玩微信，就在"早上"和"玩微信"的交叉处用蓝笔画一笔，当发现自己已然采取了行动，比如在11点聊了QQ，就在"中午"和"聊QQ"的交叉处用红笔画一笔，蓝笔表示有分心的欲望，但是没有落实到行动上，而红笔则表示你已经有了分心的行为。如果你在某个时间段内先有了分心的冲动，之后又有了分心的行为，那么就用红蓝两种笔分别统计。

4. 每天记录完毕后，可通过统计红蓝两种颜色的正字来了解自己的工作状态，可在最下方写一个小结，提醒自己制定防止分心的策略。

5. 通过分心记录你可以发现自己的注意力都被哪些事情干扰，以及自己禁不住哪些诱惑，有针对性地纠正自己的行为，如果你发现有的分心行为已经淡出了你的生活，那么就可以把它从表格中划掉。

1—1 图表 减少分心记录法

	2019/3/2	2019/3/3
	早上 中午 下午	早上 中午 下午
上网		
聊 QQ		
玩微信		
畏难烦躁		
焦虑		
玩手机		
开小差		
吃零食		
心血来潮，突然想做其他事情		
喝咖啡		
发呆		
看小说		
总结		

这种记录方法可帮助你有针对性地制定改善分心的对策，当你把自己分心的冲动和行为详细记录在案时，就能体察到偷走自己专注力的罪魁祸首，为你改善自身行为提供基础。该方法另外一个好处是，它只是客观记录你的工作状况，没有强制你做无谓的斗争，减少了你因为自我挣扎而消耗的时间和能量。在"战拖"初期，体察比强制自己改变更为重要，人其实很难控制自己的思绪，当你对自己默念"集中注意力，不要分心时"，反而更容易分心，这就好比你让自己不去想象一头大象，大象的画面却不断在脑海里清晰地涌现出来，而这种记录方法不需要你对自己的欲望做强烈的对抗，你只需将其记录下来，让自己体察究竟是什么因素导致自己频频分心，

然后在一日结束时做出总结，同时制定减少分心的策略，这样比强迫自己集中注意力更有效。

网瘾，是拖延症的"病原体"

网络，不知从何时起已然成为现代人衣食住行之外的第五个必需品，点击鼠标和触摸手机屏，成了人们最喜欢的娱乐运动，手指轻轻一碰，一切尽在掌握中，科技给人带来的便利和愉悦真是难以言喻。可是你不能总是把工作当成休闲度假，作为标准的网虫，你把所有的热情都倾注到网络上了，那么何时才能着手做工作呢？事实上，你已经在工作和娱乐之间做出了选择，于是任由自己在网上纵横驰骋，工作拖延、拖延、再拖延，拖到最后时刻苦战几个通宵，草草应付了事，只要能及时交差即可。

加拿大卡尔顿大学的詹妮弗·拉沃伊经调查发现，50.7%的人有长期的"网络拖延"现象，这些人在上网的过程中47%的时间都消耗在磨磨蹭蹭上。拖延者的工作都是在拖拖拉拉中完成的，刷微博、玩游戏、追剧、查看邮件是他们处理工作过程中的一个个小插曲，当然每个小插曲都耗用了一些时长，累计起来把工作时间无限压缩，以至造成了喧宾夺主的结果。有些人是因为酷爱上网成了拖延者，有些人则是为了躲避压力和痛苦把网络当成了逃避的工具，无论属于哪种情况，网瘾和拖延症有着千丝万缕的联系，甚至可以毫不夸张地说，网瘾是拖延症的病原体。

张明宇是一家商贸公司的会计，公司业务扩张以后，对他的工作提出了更高的要求，老板希望他能拿到中级会计师证书，为此他感到压力巨大。在校读书时，他就非常憎恶考试，熬到毕业后他原以为自己可以彻底远离压抑的考场了，没想到还是要考各类资格证书，这让他无比心烦。

在老板的要求下，他报名参加中级会计师资格考试，眼见考试日期一天天临近，他仍旧没有心情复习专业课，还染上了严重的网瘾，在工作的间隙一会儿玩三国杀，一会儿看电子小说，一会儿又忙着发微博，工作总是拖延处理，办公桌杂乱无章，待处理的票据堆积如山，他知道再拖延下去，一定会付出高昂的代价，可是就是没有办法让自己的视线从网络上移开。网络为他制造了一个触手可及的虚拟世界，在这个世界里，他没有烦恼，没有压力，可以无所顾忌地畅游，心情格外愉快。可是一回到现实世界，他就立即感到茫然无助，像一只迷失的小动物。

张明宇知道自己应该有责任感和危机感，可是他早已没有了工作和学习的动力，他的精神家园在网络上，黯淡的现实世界让他有一种逃离的冲动，他像干旱的植物渴求水源一样渴望在网络上漫游，只要一天不上网，他就无法忍受。他不愿意去照镜子，因为镜中的自己让他感到陌生和恐惧，因为经常熬夜上网他眼窝深陷，消瘦憔悴得让人担心，工作也越来越力不从心，最后他被公司开除了，他终于可以不必参加中级会计师资格考试了，可是未来的路在哪里他一点也不清楚。唯一可以确定的是他已经离不开网络了，无论以后从事什么工作，都会被网络世界深深吸引，而拖延症将会像难缠的恶魔一样寸步不离地跟随着他。

心理学研究表明网瘾是可以戒除的，作为一种超乎寻常的嗜好，网瘾害处极多，它不但危害人的身心健康，还使人在精力分散时对拖延上瘾，回想一下让你分心的各类因素，网络所占的比例是不是最大，你的宝贵时间是怎么被盗走的呢？大部分都是在网络上一点一点流逝的。网瘾像烟瘾和酒瘾一样，可以不断地强化你的行为，使你产生严重的心理依赖，只要一日不上网便会出现不适症状，比如感到空虚、烦躁、不安、无聊、抑郁等不良情绪，所以，只有戒除网瘾，所有不适症状才会消失。

拖延者过于迷恋网络，注意力会被无数次打断，精力由于过于发散很难再次聚焦，时间资源就这样被浪费掉了，工作的时间就是这样被挤掉的。因此要战胜拖延症，必须戒除网瘾，那么网瘾应该如何消除呢？

1. 改变认知，充分认清网络对自身的危害

趋利避害是人的本能，虽然在某些特殊情况下有些人会选择饮鸩止渴，但在内心深处每个人都希望自己能过上健康幸福的生活，顺利地完成工作，而网瘾无疑是实现你这些人生梦想的绊脚石，一日没有戒除网瘾，你的生活就不得安宁，身体健康频频亮出红灯，正式工作做不完，备受他人指责，这种暗无天日的生活一定不是你想要的，如果你清楚地认清了这一点，那么就应该为和网瘾决裂做准备。

2. 逐步减少上网的时间，渐渐摆脱网瘾

对于网瘾严重的拖延者而言，突然中断与网络的联系会出现不适症状，为了缓解不适反应网瘾又会复发，所以不能强迫自己立即戒网，而应该循序渐进地摆脱网络的依赖。每天记录自己的上网时间，然后有计划地缩减沉迷网络的时间，只要你按计划执行了戒网计划，就可以适度给自己买些礼物作为小小的奖励，一步一步地摆脱网瘾。

3. 丰富自己的业余生活，摆脱对虚拟世界的依恋

不要把网络当成自己精神的沃土，而要让自己在现实世界里得到真正的快乐和幸福，你可以让自己的业余生活变得更加丰富多彩，通过打球、游泳、学习插花、户外旅游等活动来增强现实世界对自己的吸引力，以此摆脱对虚拟世界的依恋。如果你已经不再过分迷恋网络了，工作时

间就不会浪费精力来上网冲浪，拖延症便会在一定程度上得到控制。

拖延有预警，分心行为是前兆

若想改变某些坏习惯，必须消除与这些坏习惯相关的行为。比如你有拖延的毛病，就会有很多与之相关的行为，每当有了拖延的念头时，你会不自觉地做各种小动作，譬如弄头发、咬指甲、大嚼口香糖或者抖腿，这些都是你缓解紧张情绪的小伎俩，它们虽然不会耽误你太多的时间，但是成功分散了你的精力，让你心神游移，成为办事拖拉一族。还有一类行为比小动作破坏性更大，比如频繁喝咖啡和长时间闲聊，它们耗时更长，负面影响也更为明显。

当你感到无比焦虑时，自然要借助各种手段来舒缓焦虑情绪，于是出现了上述几种行为，它们都是拖延症开始发作的前兆，了解了这些前兆，对你有效应付自己的拖延症还是比较有帮助的，毕竟未雨绸缪比事后补救更能减少你的损失。

杨立昕在一家大型公司做工程师，福利待遇优厚，但是工作压力也大，他几乎没有什么娱乐活动，即使没有加班心情也异常沉重，满脑子里都是有关项目的事。看着别人悠然自得地过着闲适的生活，他心里非常羡慕，但是他又不愿意为了追求生活品质而舍弃高薪工作。

杨立昕每天为项目忙得焦头烂额，他十分担心自己会忙中出错，因为一个小小的差错有时会毁掉整个工程，他决不允许这样的事发生在自己身上。由于焦虑过度，拖延症出现了。他每天上午几乎做不了什么事，总是磨磨蹭蹭，一上午的时间他喝了好几杯咖啡，每工作一段时间他就喝一杯咖啡，然后就是频繁地进出洗手间，很快就到了11点。因为熬不住寂寞，他开始和同事闲聊，一直聊到午饭时间，兴致仍然不减。

　　下午1点半是工作开始时间，杨立昕继续和同事讨论上午的话题，半个小时后才开始安静地处理手头工作，没过多久他就感到精力不济、分外烦躁，于是又去冲了一杯咖啡，边喝咖啡边工作了近半个小时，他开始咀嚼口香糖，手指还不自觉地做着各种小动作，比如轻轻敲打着桌面。工作进展到三分之一时，他有些坐不住了，又用眼睛的余光观察其他同事，大家都很认真地忙碌着，他不便打扰，登录QQ后，他发现只有稀疏几个好友在线，这些所谓的好友都爱慕虚荣、喜欢自我吹捧，他不想和他们交流，于是只能靠自娱自乐的方式解压，他给自己又申请了一个QQ号，自己跟自己聊得不亦乐乎。转眼就到了下班时间，他的精神突然振奋起来，尽管一整天都没有完成什么实质性的工作，但他还是潇洒地迈着步伐大踏步离开了办公室。

　　遇到困难任务时，你会出现各种反常行为，重复一些无意义的小动作，养成一些浪费时间的恶习，有些行为是显而易见的，有些却是不易察觉的，如果你有意识地观察自己一天的行为，就会更为敏锐地发现自身的反常做法。比如你会机械地擦拭办公桌N遍，把办公室当成了咖啡馆，一杯又一杯地喝咖啡，两杯咖啡间隔的时间非常短，像小孩子一样摆弄手指等。

　　打败拖延症是一场持久战，在克服拖延症的过程中，先改掉自己的各类小毛病，让自己收回注意力，节省无谓浪费的时间，有助于矫正拖延行为。那么具体怎么做才能杜绝那些干扰正常工作的行为呢？

　　1. 关闭各种聊天工具，同时克制住在工作时间与同事闲聊的欲望

　　聊天是专注工作的大敌，QQ、MSN、微信等聊天工具最容易使人分心，工作刚刚有了进展，思绪如果被聊天的话题俘获了，便

会越聊越兴奋，聊到兴起处言语犹如滔滔洪水绵绵不绝，工作思路完全被打乱，时间往往转瞬即逝，也许大半天时间就消耗在聊天上了。

有的人虽然对在网上聊天没有兴致，但是却非常喜欢和同事闲聊，聊天的内容无所不包，从时政要闻到八卦娱乐再到家长里短，话题一个接一个，经常口若悬河、雄辩滔滔，只要上司没有来检查工作，就把办公室当成演说室，眼光时刻瞟向门边，一有风吹草动立刻禁言，四周顿时鸦雀无声，警报解除后又开始闲聊起来。

如果你不想把工作时间过多地花费在闲聊上，从现在开始果断地关闭各种聊天工具，所谓眼不见为净，电脑屏幕上如果只剩下办公软件，你自然首先想到的是工作而不是闲聊。倘若你总是忍不住想和同事闲聊，而且打开话匣就一发不可收，那么不妨在办公桌上给自己贴一个醒目的标语"不要浪费自己和别人的时间，上班时间勿闲谈"。或者是摘录鲁迅的名言"浪费别人的时间，等于谋财害命；浪费自己的时间，等于慢性自杀"。以此达到杜绝闲聊的目的。还有一种方法是停止用眼神扫视聊天对象，当你埋头工作而不是时不时地搜索聊天对象时，一般而言不会有人主动和你搭讪，如此你便能安安静静地工作，纠正自己的闲聊行为。

2. 减少喝咖啡的次数，完成一定工作量以后再喝咖啡

我们知道咖啡有提神的作用，所以很多人感到困倦、疲乏、精神不振时都喜欢喝咖啡，在工作时间适度地饮用咖啡并没有什么不好，因为它可以让你的头脑更加清醒、精力更加充沛，可是频繁地喝咖啡，过量地饮用咖啡，会给你的睡眠模式和血压造成破坏，而且占用了你不少工作时间，所以你应当适度削减喝咖啡的次数，除了在最容易困倦的时段喝一杯咖啡外，其余时间段最好是在完成了一定量的工作以后，把喝咖啡当成自己顺利执行工作的奖励，而不

是消磨时间的工具。

3. 有意识地停止各种由不安情绪引起的小动作

你情绪紧张、心情焦虑时会坐立不安、咀嚼口香糖或者啃咬指甲，发现自己有这种不良行为后要有意识地停止这类动作，因为它们会扰乱你的心绪，加重你的拖延行为。比如你发现自己坐立不安，不停地调整姿势，就会觉得似乎有什么坏事要发生，由此联想到要面对繁重又恼人的工作，时刻担心自己出错，心情变得沮丧，下一步的反应就是拖延。同理，你咀嚼口香糖和啃咬指甲也是为了减轻压力而采取的防御性反应，这些行为虽能让你得到短暂的放松，然而却将你的负面情绪暴露无遗，会进一步打击你的自信心，迫使你向拖延症让步。

当你感到紧张焦躁时，要选择一个恰当舒适的坐姿，不要频繁调整姿势。不要用咀嚼口香糖的方式来缓解压力，可在口中含一块水果糖，既能享受它清甜的滋味，又不会因为咀嚼分心。当你发现自己染上了啃咬指甲的毛病时，可采用攥握力球或者捏橡皮泥的方式来终止这种行为。

凌乱的办公桌会分散你的注意力

办公族一天的例行工作都是在办公桌前完成的，办公桌是工作环节中必不可少的一个道具，如果把办公室比喻成一个生态系统的话，那么办公桌自己就能构成一个微环境，你使用的电脑、所需要的文件及参考资料统统都摆放在一张桌子上，这张桌子的用处非同小可，如果它能高度契合你的需要，你就能节省不少时间用于专心工作，反之，你每天花在整理办公桌的时间就足以让你完成一份企划书的框架了。

有的人的办公环境总是乱糟糟的，办公桌简直成了垃圾储藏室，各种无用的资料和不常用的参考资料也堆放在上面，桌面也不是很洁净，这样的工作台自然需要花费不少精力去整理。多数拖延者抗干扰能力较差，即使是一点轻微的干扰，也会将他们的注意力转移出去，而乱七八糟的办公桌扮演的恰恰就是令他们分心的角色。有的人是被迫分心，因为办公桌已经让他感觉达到了"是可忍孰不可忍"的地步，所以必须立即动手清理桌面；有的人则是主动分心，他正好可以为自己拖延工作寻找借口，收拾书桌只是他延迟工作的一个策略而已。

杂乱无章的办公桌不但会让你给别人留下邋遢的印象，还会引起分心、疲劳、紧张等不良情绪，影响你的工作效率。如果你的桌面凌乱不堪的话，你很难在短时间内找到自己需要的重要文件、通信记录或是近期需要的资料，这会让你感到气馁，助长你因为畏难而拖延的不良心态。所以要保持注意力集中，就必须为自己营造一个良好的工作环境，让一切资料都各就其位、井然有序地摆放，让办公桌清爽整洁，保证你能有条不紊地进行工作。

美国畅销书作家艾伦·韦斯把文件分门别类地放在自己的办公桌上，第一类是紧急文件，必须马上回复的信件和必须立即动手拟写的报告；第二类是需要经过深思熟虑才能处理的文件，这类文件不那么紧急，但需要尽快处理完毕；第三类是阅读资料和可留于日后处理的文件。

每次艾伦·韦斯外出旅行时，都会从第三类文件中选取一些资料专门在飞机上阅读，他喜欢把这类东西放在自己目光可及的地方，而不是放进办公桌的抽屉里，他之所以这样做是为了降低堆置文件的高度，以此减轻自己的心理压力。

当然，对于工作繁忙的人来说，桌面上难免会堆起小山似的文件，埋没在文件间办公可不是什么轻松惬意的事，艾伦·韦斯处理桌面环境的做法自然有一定的合理性。时间管理学家尤金在工作时也有堆置文件的情况，但是他并没有像艾伦·韦斯那样想方设法降低文件的高度，但是却严格遵守着一个最基本的原则——保持桌面洁净。桌面是主要的办公区域，尤金把它清理得干干净净，文件摆放得井井有条，为自己节约了不少工作时间。

美国名人比尔·马里奥特的父亲和尤金的想法基本一致，他认为办公桌面必须要保持整洁，对此马里奥特说："有一天，我们发现一个人保持桌面整齐的方式，就是把所有的东西塞进抽屉里。"

无论是把文件整整齐齐地摆放在办公桌上，还是装进办公桌的抽屉里，总之要使桌面足够整洁，办公空间足够开阔，这样才能给人以一种清新有序的感觉。美国著名的时间管理顾问格雷格·维特尔说："桌上的每一张纸就代表还没有做的每一个决定。"做事高效的人绝不会把文件成堆地囤积在办公桌上，任其蚕食办公的空间，并扰乱自己的思绪。

也许拖延者脑海里会浮现出一个大大的问号，为什么自己的办公桌总是那么杂乱无章呢？答案是你不知道应该把哪些东西摆放在办公桌上，哪些东西应该暂时收起来。拖延者的做事方式普遍不够严谨，由于缺乏章法和条理性，自然就形成了每天耗费时间清理办公桌的习惯，可是这一行为又为自己的拖延提供了合理的借口，即自己不是不想马上工作，而是办公桌太乱，不整理无法正常工作，做做基本的清洁工作之后再开启正常的工作程序也不迟。

保持办公桌的干净整齐，不仅有助于提高工作效率，对于缓解拖延症也是非常有益的，以下几点是整理办公桌的方法：

1. 按照便利的原则放置文件和档案

按照需要来摆放办公物品和文件，以便自己在工作时可随手拿到需要的东西，最大限度地节省时间。把当天所需要的文件、档案资料放在目光可及、伸手可触的位置，每天都需要用到的办公用具放在靠近自己的位置，把暂时不用的文件放进办公桌的抽屉里。

2. 随时清理杂物，下班之前整理桌面

如果没有忙到焦头烂额的地步，随时都要把散乱在桌面上的废弃物扔进纸篓，把暂时用不到的东西移向别处。随时清理比累积到无法忍受的地步再去清理更节约时间，而且有助于心情的放松。不要在办公过程中花大量的时间来整理桌面，注意随时保持桌面环境的有序性，下班之前再做全面整理工作。

3. 采用“腊肠方法”把清理工作分成若干个段落进行

像切腊肠一样把清理工作分成若干个时间段进行，而不是一次完成所有的清理工作，你可以选择某段时间仅清理桌面或者整理一个抽屉。这样做每次耗的时间都不长，不会过多地分散你的注意力，清洁工作完毕后，你还可以迅速进入原来的工作状态中，也消除了自己想要借助清理桌面长时间拖延工作的借口。

4. 运用垃圾桶的艺术，把不要的东西全部清理掉

道格拉斯曾说，垃圾桶在纸质垃圾流通的过程中扮演着功能性的角色，他是这样阐述自己的观点的：“在不使它看起来碍眼的原则下，选择一个够大的垃圾桶，以便容纳你所制造的垃圾。它必须对你很方便，而不是为了适应工友的需要，或者配合室内的设计。建立你的规则，目标是，尽量丢垃圾。有些人会很坚决地丢弃无用的废弃物，有些人会拿捏不定。试着克服你对这类垃圾的迷惑，千万不要用将垃圾转嫁到他人身上的方式逃避问题。”

你应该毫不犹豫地把与工作无关的纸质垃圾扔进垃圾桶，废纸、草稿、旧报纸等都是些没有用的纸质垃圾，它们不应该挤占有用文件的空间，将其丢进垃圾桶桌面就不会显得那么凌乱。尽可能地丢

掉无用的东西，如果有些东西你无法确定是否该立即丢掉，可以把它们集中到一个不常用的柜子里，然后每隔一段时间处理一次。

5. 使用档案夹管理文件

把同类的零散文件统一放在一个档案夹里，每个档案夹标注上文件的种类及用途，这样不但可以节约办公桌面的空间，更能方便自己查找资料，可谓是一举两得。如果文件特别重要，而且近期需要使用，则应把档案夹放在最醒目的位置，同时在档案夹上标注特殊的标志，以示与其他文件的区别。

活在当下，忙在此时此刻

如果你的工作总是混乱无序，就像一个盲目的人在沙地上留下的混乱足迹，这就表明你的工作方式大有问题。为什么别人可以轻松在一天处理完的工作，你总是要压到第二天处理？如果是因为你懒惰，把时间花费在了无聊的事情上而非工作上，那说明是工作态度的问题；如果你一直像个不停歇的机器一样忙个不停，结果还是赶不上别人的步伐，那就是工作方法的问题了。

很多拖延者最大的毛病便是无法专注于手头正在处理的工作，要么忙着处理前一天处理的工作，要么因为其他工作而分心。拖延者没有活在此时此刻，而是活在昨天，或下一个时刻。想想要收拾昨天留下的烂摊子，拖延者会分外沮丧，因为新的工作在不断涌来，而且有时候会同时接到两项或两项以上的工作任务，他们感到疲于应对，恨不得自己掌握了神奇的分身术，分别处理昨天、现在以及下一刻的工作。

当然这个愿望是不可能实现的，关注当下是最好的选择。你必须让自己专注起来，一次只做好一件事，不要异想天开地期望自己既能处理好昨天的事，又能处理好现在的事，还能处理好其他工作，你的精力是有限的，所以你要学会优先处理手头的事。

纽约中央车站的问询处几乎每天都是人头攒动，那里人潮汹涌，拥挤不堪，数不清的旅客都在争着询问问题，并且都急于得到最快的答复。回答他们的问题可不是一件轻松的事，在问询处的工作人员要应对的可不是一个人，也不是一大群人，而是一拨又一拨的人潮，但是有一名工作者却丝毫也不感到紧张，总是语气平和地耐心回答旅客提出的问题。

有一次，一个个头不高、体态丰腴的妇女来到了那位工作人员面前，她的丝巾完全被汗水湿透了，她看起来非常焦虑，工作人员问："请问你要去哪里？"妇女回答道："我要去春田。"工作人员进一步问："是俄亥俄州的春田吗？""不是，是马萨诸塞州的春田。"妇女纠正道。这时妇女身后有位男士催促道："先生，你能快点吗？我赶时间！"工作人员没有理会那位男士，而是继续对那位妇女说："到春田的那班车在 10 分钟内就会发车，你到 15 号站台等候吧。""你说的是 15 号站台吗？"妇女重复了一遍站台名。"是的，太太，是 15 号站台。"工作人员给出了肯定的答案。

那名去春田的妇女刚刚离开，工作人员就把精力全部投放在了下一个旅客身上，他就是站在妇女身后声称自己赶时间的那位男士。没过多久，那位妇女又跑回来迟疑地问工作人员："你刚才说的是 15 号站台吗？"工作人员仿佛没听到一样，没有理会他，而是一心一意地回答那位男士提出的问题。

有人曾经请教过这位工作人员，想要知道他是如何在不看列车时刻表的情况下，就能清楚地说出班车的发车时间和候车的具体位置的，尤其是面对一拨又一拨的旅客，他又是怎么做到镇定自若的。工作人员说自己从没有把问题想象的那么复杂，他只是把工作看成了为一位旅客服务的问题，忙完了一位就接着忙下一位，他只为每位旅客服务一次，而且只专注于眼前的旅客。

无论你从事的是何种性质的工作，每次只专注一件事才能静下心来把工作做好，一会儿忙着为昨天的工作收尾，一会儿忙着其他的工作，手头的事时常被打断，拖拖拉拉，很有可能又积压到了第二天，第二天还是要浪费大量的精力来处理残局，由此形成了恶性循环。想要摒弃杂念，专注于眼下的事情，就必须让自己活在当下，那么具体该怎么做呢？

1. 把眼前的事当成最鼓舞人心的事情来做

有意义的工作更容易凝聚人的注意力，在开始工作之前，不妨问问自己为什么要优先处理眼下的工作，为什么说它比昨天的工作和未来的工作更重要，心中有了答案之后你就会产生一种迫切的渴望，对手头的工作任务重视起来，将其作为鼓舞人心的事情来做，而不是把它拖延到以后的时间段来处理。

2. 组织好自己的工作材料，最大限度地减少视觉干扰

让你分心的东西越少，越有利于你全力以赴地处理手头的工作。不妨把昨天的工作和未来的工作资料放到办公桌的抽屉里，杜绝对自己的视觉干扰，桌面上只保留当前工作所需的资料和用具，这样做可有效屏蔽视觉上的干扰，促使你专心于当下的工作。

3. 通过忙碌当下工作消除焦虑

拖延者普遍容易焦虑，为了昨天没有处理好的工作而忐忑不安，为了未来的工作而倍感压力，唯独忽略了当下工作的重要性，因为大部分精力都被消耗掉了，所以处理手头工作会力不从心。拖延者必须告诉自己担忧毫无价值，焦虑并不能改变任何事情，还不如放下所有的忧虑，让自己真正忙碌起来，用忙碌的充实感挤走焦虑情绪，当你全身心投入到当前的工作时，一切烦忧似乎都不存在了，

在这种状态下工作精神状态更佳，效率也更高。

4. 选择在合适的时间处理昨日剩余的工作和下一个阶段的工作

如果每天都在忙碌当天的工作，那么前一天没有处理完的工作怎么办？答案是你可以另外选择其他时间来处理，如果实在挤不出额外的时间，只好用加班时间完成。记住，以后绝不能把当日的工作拖延到第二天，否则就会无限拖慢你的工作进度。下一个阶段的工作在完成手头工作之后处理，最好不要齐头并进地做两项工作。

精心管理文档

在你急急忙忙地赶工时，你的电脑桌面上是不是乱糟糟地堆满了各种 Word 文档和 PPT，以至你看得眼花缭乱，分不清哪些是跟目前工作有关的，哪些属于垃圾文档本该被送进回收站的。所以只好费心一个一个地查看，这些文档或多或少地承载了你的部分回忆，如果你是一个感性的人，很容易被其中的某些内容吸引，不知不觉偏离了工作航道。如果你足够理性，会因为这些垃圾文件妨碍了你的工作而忧心忡忡，这会使你在接下来的工作中变得沮丧和不开心。

混乱的文档会扰乱你的视线，令你频繁分心，你会为了调整情绪或者暂时找不到合适的资料而拖延工作。回想一下，你的电脑桌面是何时变成垃圾场的，也许你什么都想不起来了，脑海里连一点记忆的碎片也没残存下来，只会支支吾吾地说是因为没有时间整理才会这样的。其实整理文档，将它们分类归档根本花不了多少时间，或许因为这类工作过于琐碎和麻烦，你便选择了拖延，频繁拖延就造成了这种无序的局面。

如果你曾有过下厨的经历，就会明白在烹饪环节中，无序和拖延是多么可怕，它们能将整洁的厨房变成犹如世界大战的狼藉战场。

想象一下，你把各种切完的蔬菜乱七八糟地放在砧板上，而不是整整齐齐地摆放在各自的盘子里，眼看有的蔬菜混在了一起，还是无动于衷，口口声声说过一会儿就把它们摆放好，可是这所谓的"一会儿"可能超出 20 分钟，也可能是无限期的，然后它们在无比混乱的状态下一起下了油锅。各类调料分散在厨房里的不同空间，你不清楚怎么区分它们，于是把糖当成了盐，更要命的是你把肉和菜一起翻炒了，易熟的煳掉了，不易熟的半生不熟，一道失败的菜品便以闹剧化的方式出锅了。

你的电脑桌面好比厨房，而桌面文档就好比各类蔬菜，想象一下你在烟熏火燎中手忙脚乱的滑稽样子，你还想让这样的闹剧上演吗？你应该像一位技艺精湛的名厨一样精心管理文档，而不该像三流的杂役一样把一切搞糟，其核心境界就是做到有条不紊地管理。

作家庄大伟先生是一个学识广博的收藏家，他做事非常讲究条理性，并把这种观念灌输到了对女儿的教育中。他的女儿很喜欢读书，可是因为书籍摆放得混乱，常常找不到自己想要的书，于是他便有意识地培养女儿收藏的爱好，以纠正女儿的不良习惯。

起初女儿不知道该收藏什么，庄大伟先生建议让她收藏各种美术作品。小女孩眨着天真的大眼睛说："那很容易，我以后会收集好多好多画片的。"庄大伟先生认真地对女儿说："'收'是很容易，可是'藏'就没有那么容易了。"女儿不明白爸爸这话是什么意思，便问："为什么不容易？"庄大伟先生循循善诱地说："'藏'不是简单地收集，而是要把东西分门别类，也就是要学会条理化。"

女儿问如何做到这点，庄大伟先生以藏书为例，给她介绍了国际上流行的一种资料分类方法，这种分类方法把资料分成类、纲、项、目四个层次，每个层次分成 10 份，以从 0 到 9 的阿拉伯数字为记号，这样所有资料都被划分成了 10 类、100 纲、1000 项、10000

目。第一层级的"类"代表的是宏观的知识体系，第二层级的"纲"代表的是专业知识，第三层级的"项"代表的是具体的专业，第四层级的"目"代表的是表现形式。女儿又向庄大伟先生请教如何放置书籍才更科学合理，庄大伟先生说，书籍应该分类放好，以方便拿取为宜，经常用到的书籍要放在醒目处，近期要翻看的书籍和经常要翻阅的书籍都要放在好找的地方，暂时不想看的书可以放在其他地方。

女儿按照庄大伟先生教授的方法收集美术作品，把画报上、挂历上、明信片上、饼干糖果包装纸上的画片都分类收集了起来，把它们按照题材和样式分别装进了纸袋里，每个纸袋都写了编号和目录，这样她欣赏美术作品时就容易多了。她按照同样的方法来管理自己的文具和书籍，以前书包总是乱糟糟的，还经常忘记带课本和作业，现在书包被她整理得非常整齐，上课时她可以轻松找到所需要的课本。她还想参加集邮展览，把邮票编排出有关动物的专题，比如"神秘的海洋""鸟的天堂"等。女儿的表现不由得令庄大伟先生刮目相看。

庄大伟先生的女儿掌握了科学管理书籍、美术作品和学习用品的方法，使一切都变得有序化。作为一个工作无序的拖延者你是否还在用没时间整理文档的借口搪塞自己呢？下载一份商业报告，重新命名归档其实仅需要两三分钟的时间，把一份文献资料做好笔记、归档，记录好引用的格式等一系列工作五分钟之内就能做完。你即使工作再忙，也谈不上日理万机，怎么会连这么一点时间都抽不出来呢？你应该把更多的精力花费在处理重要事务上，而不是清理桌面上铺天盖地的文档上。

家庭厨房是最容易脏乱的地方，懒散的拖延人士在奏完锅碗瓢盆交响曲后，通常不会把各种炊具和调味品归放到合适的位置。这类人在工作时，会把厨房的混乱带到电脑桌面上，桌面上摆满了名字不详的文档，不花时间打开它就得像猜谜语一样猜测里面的内容，文档位置的次序反映了涂鸦文化的随意性，它们没有规律可循，只是即兴完成的作品，想要找到自己需要的资料，恐怕得像探险寻宝一样，颇费一番周折。那么该怎么做才能使办公文档更有序呢？

1. 按照用途和使用频率把文档分类整理好

有的人喜欢按格式将文档分类，PPT、Word、Excel各归其位，其实这种分类方式是不合理的，最好按照用途和使用频率把文档重新分类，近期就能使用的，而且在长期内都会频繁使用的文档要放在醒目的位置，并进行特别标注。而用处不大、目前不会使用的文档可存放在其他磁盘里，比如E盘，以节省桌面空间。

2. 电脑桌面必须保持整洁干净

千万不要让电脑桌面堆放太多的东西，因为那样看起来会非常杂乱，桌面上的东西越少越好，同类的文档最好都放进同一个文件夹里，不要散乱地放在桌面上，务必保持视觉上的干净和清爽。

3. 及时给文档命名分类

每一个文档都要按照资料的内容重新命名，命名必须及时，否则以后你会浪费更多的时间来核实其中的内容，每下载或创建完一个文档，取完名字后就要给它分类，不要等到积攒了一大堆文档之后再去分类，因为那时你的工作量肯定会翻好几倍。

4. 创建一个"建档中"文件夹

如果你在做细致的文档分类工作时，有些文件不知道该归于哪类，那么可以把它们统一放进建档中的文件夹中，以备日后处理。

5. 创建一个"待办"文件夹

你可以根据文件的重要性创建两个"待办"文件夹，一个是专门用来归集重要工作的资料，标注上"重要待办"的字样，另一个是用来归集次要工作的资料，标注上"次要待办"的字样。

6. 定期整理你的文档资料

如果你进入了业务繁忙期，所需要的资料会非常多，甚至堆满了你的桌面，那么就不妨花上一个小时的时间专门用来整理文档资料，把所有的文档都归档分类好，不用的文档立刻丢进回收站，让自己在查阅时能一目了然，随时能找到自己需要的东西。

设置"任务猎杀日"

在职场的跑道上，有的人以加速度在奔跑，而有的人却因为没有紧迫感，每天以散步的姿态在行走。很多拖延者都属于后者，总以为一切都还来得及，于是频频上演拖延的肥皂剧。由于总是在没有紧迫感的状态下工作，拖延者倾向于把本该当天完成的工作推迟到明天或者后天做，直到逼近最后期限，才一改慢节奏的拖拉工作模式，以近乎疯狂的速度赶超所有人，有时会被逼迫得透不过气来，这种前后节奏的切换足以让体力不支者休克。

鲁迅说："时间，每天得到的都是二十四个小时，可是一天的时间给勤勉的人带来智慧和力量，给懒散的人只能留下一片悔恨。"是的，想要得到什么，关键在于你自己的选择，与其先轻松愉快地拖慢工作，然后比骡马更累，还不如按照正常的节奏及时完成任务，然后轻松地笑看云卷云舒。

有的拖延者也许会非常苦恼地说，他也明白拖延的害处，可是没有办法让自己紧迫起来，精力总是分散，一会儿想看新闻，一会儿又心血来潮想做点有意思的小事，这该怎么办呢？答案是设置"任务猎杀日"，以饱满的精神状态超前完成工作，让自己在规定的时限内把所有的猎物——工作任务都一网打尽。因为"任务猎杀日"

的时间比公司规定的截止日期要超前，这样你就会感到时间紧张，便不会继续拖延浪费时间了。这种方法和把手表刻意拨快是一个原理，它会通过给你制造错误的时间观念，迫使你加快步伐，因此手表走得更快的人通常不会迟到，也不会延误任何事情。

保持时间紧迫感是国际顶级律师的鲜明标志之一，薪水优厚的杰出律师在日常工作中非常注重工作效率。戴维和安迪是同一家大型事务所的律师，戴维思维活跃，熟悉法律知识，工作也比较勤勉，最难能可贵的是工作起来总能保持专心致志的状态，所以在短短两个小时之内就能完成不少工作。而安迪要完成同样的工作量则至少需要花3个小时的时间，有时因为分心得花上四五个小时的时间。

戴维工作起来比较有紧迫感，当天的工作总是按时完成，有时会提前完成，剩余的时间用来查找疏漏，而安迪从来就没有时间紧迫感，他慢腾腾地翻看资料，有时要闭上眼睛默想一会儿，脑海里充斥着各种天马行空的想象。每天下班，戴维总是准时离开办公室，而安迪却不得不多忙一会儿，经常等到华灯初上时才回家。第二天，安迪还在忙着做前一天的收尾工作，通常要忙两个小时才能把工作干完。

戴维能在工作日以最短的时间完成高质量的工作，从来都不用额外加班，业余时间安排了丰富多彩的娱乐活动，他酷爱打篮球，还喜欢收集各种动植物标本，他之所以能完美地平衡工作和生活的关系，是因为他会为自己设置"任务猎杀日"，让自己提前完成工作任务，有时还设定"任务猎杀完成时间"，让自己在下班前提前把所有当天工作做完。安迪则完全没有时间概念，有时迫于最后期限的压力，不得不留在办公室里加班，因为心里还惦记着回家休息，精力更加难以集中，加班三四个小时之后才迈着沉重的步子离开了办公室。

工作要有计划，不能拖拖拉拉，今日事今日毕是最基本的要求，在时间紧张的特殊日子里，今天可以部分地完成明天的工作任务。"任务猎杀日"的目标本来就是加速工作进程，提前完成任务，一旦你启动了这个程序，精神就会进入紧张状态，这样你就能迅速调整自己的节奏，快速完成工作任务。这个方法适用于处理因为拖延堆积的工作任务，需要注意的是你不能频繁地设置"任务猎杀日"，因为那样做会使你长期处于精神紧张状态，不利于你的身心健康，此外还暴露出了你工作方式的一些问题，说明你没有充分利用好时间，导致工作堆积。

对于工作任务越积越多的拖延者来说，设置"任务猎杀日"有助于迅速消化积压的工作内容，采用这种工作方法需要注意以下几点：

1. 断绝社交活动，全力完成工作任务

在"任务猎杀日"里，最好不要参加各种社交活动，因为它们会让你过度放松，好不容易找到的时间紧迫感也会在不知不觉中溜走。为了让自己精力更加集中，当几天孤家寡人又如何呢？提前解决掉工作清单上的所有任务，你又可以出现在各种社交场合上，成为活力无限的社交达人了。

2. 切断通信联系，专心于当前的工作

如果没有什么紧急的事情，不要频繁地和他人联络，最好关闭手机，暂时做一个与世隔绝的隐士，没有了人际上的纷纷扰扰，你会更专注于自己的工作，等到"任务猎杀日"之后再恢复与朋友的联系，正常情况下，失踪几天并不会影响你和朋友的友谊。

3. 减少休息时间，争取利用一切可利用的时间

有的人浪费大量的时间享受咖啡时光，在"任务猎杀日"里必须改变这种悠闲的状态，把喝咖啡的时间尽量浓缩，休息的时间也

要精打细算，每完成一个小任务休息 3～5 分钟，每完成一个大任务休息时间也不要超过 15 分钟。

4. 在紧迫的状态下，加速完成工作任务

把所有积压的任务列在清单里，加速完成它们，一定要发挥潜力，超越自我，超前完成工作量。如果你以前是以行走的速度在工作，那么在"任务猎杀日"里即使不能达到飞翔的速度，也要迫使自己奔跑起来，告诉自己每一分每一秒都是珍贵的，你没有时间随意浪费，时时以冲刺的速度跑向沿途的路标，直到达到终点。

不要让超载的信息扰乱大脑

互联网给人们的工作和生活带来了很多便利，在这个信息大爆炸的时代，你想了解什么知识，只要轻轻点击一下鼠标，都能找到无比丰富的信息内容。可是你在浏览信息的时候，会遇到很多问题，比如你很难在短时间内从海量的信息中筛选出有价值的信息，而且网络上五花八门的文化快餐会让你分心，因为刺激源过多，你会被纷繁的信息所累等。

在下载和查找资料时，很多人会忍不住浏览新闻，即使特别敬业的人在找到合适的网页之后，也有可能被各种链接吸引，你接触的很多信息其实都是毫无价值的烟雾弹，而若想挖掘到有价值的信息则要像淘金一样慢慢拣选，这个过程本来就十分漫长，如果你并不是一个专注的人，这个过程会更长。信息过载虽是整个社会环境的问题，可是如果你是一个热衷于拖延的人，就会充分利用信息过载给自己带来的娱乐，这当然不利于你按时完成工作。在信息的海洋里畅游，你必须学会汲取自己需要的那朵浪花，然后返回岸上，而不是追逐海上的泡沫。

享誉全球的名侦探无疑当属福尔摩斯了，在众多的电影和书籍中，这个名字被频频提及，谁的办案能力如被称作可与福尔摩斯比肩，那算得上是一种无上的恭维了。福尔摩斯的原型取自作者柯南·道尔的一位医学导师，这位导师思维精细缜密，善于推理，只要通过病人身上观察到的几个细节，就能准确地推断出其身份、爱好和其他私人信息。导师惊人的能力给柯南·道尔留下了极为深刻的印象，于是他把这些特点复制到了一个名侦探身上。

福尔摩斯像柯南·道尔的导师一样是一个令人称叹的天才，但是他并不是个无所不能的万事通，柯南·道尔的导师只精通医学和推理，福尔摩斯精通的领域也十分有限，他的天文学知识贫乏得可怜，甚至连地球绕着太阳转的常识都不知道，这点让华生大为惊讶。但是福尔摩斯却能通过地上的烟灰判断它来自哪种雪茄以及雪茄的产地，而且精通化学和解剖学，他的学识范围大体如下：

文学知识——无。

哲学知识——无。

天文学知识——无。

政治学知识——浅薄。

植物学知识——不全面，对使用园艺学一窍不通，但非常了解莨菪制剂和鸦片，对毒剂有一定了解。

地质学知识——只了解实用的部分，能一眼分辨出不同的土质，可根据裤子上泥点的颜色和坚实程度判断出它是在什么地方溅上的。

化学知识——精深专业。

解剖学知识——准确，但是没有系统性。

惊险文学——广博，尤其对近一个世纪发生的所有恐怖事件都知之甚详。

擅长拉提琴。

善于使用棍棒，还精通刀剑拳术。

了解实用的英国法律知识。

福尔摩斯掌握的技能和知识并不多，可是它们都是为办案推理服务的。像福尔摩斯这样的天才几乎没有兴趣了解一切与工作无关的东西，他认为人脑的容量是有限的，所以绝不允许自己的大脑被毫无用处的东西装满，而是有选择地贮存必要的知识。福尔摩斯的哥哥也是个非常聪明的推理家，可是成就却远不如福尔摩斯，主要原因是他无法像福尔摩斯那样专注于与推理有关的事情，脑袋不可避免地被其他的信息塞满。

看完福尔摩斯的故事，不妨反观一下自己，你是否让自己的大脑塞满了无用的垃圾信息呢？为什么大多数人不能像福尔摩斯那样把工作做到极致？部分是因为在接收信息时不能专注于自己的工作，部分是因为不会筛选信息，结果被信息风暴吞没。造成这种状况的主要原因是，你没有明确的目标，不知道自己想要什么样的信息，因此在筛选信息时显得力不从心；你没有建立自己的知识框架，处理信息的能力较差；不爱总结，不能过滤掉无用信息；阅读能力差，且办事效率不佳。

根据以上情况，可采取的应对方法如下：

1. 明确信息搜索目标，确定信息获取的关注范围

没有明确的目标，你在收集信息时就会分外盲目。只有非常清晰地确定了所要搜集信息的目标，你才能缩小搜索的范围，提高信息的含金量。你必须知道自己最想获得的是哪些方面的信息，是经济学知识还是商业报告的拟写，抑或是某个城市的指标数字，如此你才能从海量的信息群中快速找到自己需要的信息。

2. 建立知识框架，不断丰富和完善自己的知识体系

知识储备不足，学习知识不够系统，都会影响你的工作，为了提高对信息的检索能力，你有必要创建与工作相关的知识框架，并完善和发展相关的知识体系，当你的头脑里储存了足够的专业知识以后，你就会变成一部智能百科全书，获取信息自然能做到手到擒来。

3. 尽量减少阅读新闻的时间

95%的新闻信息对你而言都是没有意义的，它们只会浪费你的时间，如果你实在禁不住新闻的诱惑，那么浏览一下标题即可，没有必要详细阅读其中的内容，因为大部分新闻的内容都涵盖在高度凝练的标题里了。

4. 尽量通过查阅书籍来了解信息，减少在网上查找信息的时间

在网上筛选到合适的信息需要付出很高的时间成本，而通过书籍了解信息则能节约不少时间，庞大的网络提供的信息常常让人目不暇接，其特点是丰富而杂乱，挑选信息是一件非常耗时的事情，所以多多利用书籍查找信息，这种获取信息的方式方便省时，很适合办公族。

5. 有意识地提高自己的阅读能力，最好学会速读的本领

在信息量大的情况下，快速的阅读习惯有助于你更快地筛选好自己所需要的信息，而阅读速度过慢则会加大你的筛选障碍，所以有意识地提升自己的阅读能力是非常必要的。

6. 定期总结和反思自己查阅资料的工作

有的人不善于总结，总把时间浪费在无用信息上，为了提升自己收集信息的能力，你必须养成定期反思和总结的习惯，不要再犯以前犯过的错误，为自己日后的工作扫清障碍。

7. 避免多项任务同时操作，集中注意力

如果你要查找多方面、多学科的资料，也不要多项任务同时操作，因为那样做会分散你的注意力，使你的思绪在不同领域跳来跳去，这并不利于你获取有价值的信息，先找完一方面的资料，再依次查找其他方面的资料，切勿一心多用。

第十章

用加速引擎提升执行力

拖延者办事拖拉，做什么事都想着明天，这与快节奏的现代生活模式完全是背道而驰的。如果不能提升自己的执行力，就会被社会淘汰。一百次心动不如一次行动，只有加强执行力，提高工作效率，你才有希望把拖延症远远甩在后面。

拖延者执行力弱有很多原因，部分是因为没有掌握正确的工作方法，手头的工作混乱、庞杂、思路不清晰；部分是心态问题，心浮气躁，不能一次把工作做到位，反反复复折腾，或者是没有工作动力和紧迫感，喜欢慢腾腾的节奏，抑或是压力太大、任务繁重，感到无比痛苦，于是拖延的念头不断闪现，执行力越来越差。弄清这些原因之后，才可以对症下药，打破拖延的魔咒，给自己安装一个加速引擎，全面提升自身执行力。

做事要分清主次，不要眉毛胡子一把抓

你是否经常遇到这种情况：手头上压着 A 级任务，却总在忙于做并不重要的 C 级工作，越是重量级的任务你越想回避，而诸如擦拭办公桌、倾倒垃圾等不足挂齿的小事对你却有不小的吸引力，如果上级不反对的话，你甚至想学习雷锋把所有同事的办公桌都擦拭一遍，当然擦拭若干遍更有助于消磨时间。

为什么会有人把时间浪费在不重要的任务上，却对重要的任务置之不理呢？其中一个重要原因便是通常重要的任务执行难度都比较大，它难以在短期内给人带来成就感，反而会给人以强烈的挫败感。不是每个人都喜欢攀登险峻的华山，绝大多数人宁愿踩着滑板在地面上寻找快感，因为后者显然要比前者容易得多。可是在职场上，做工作不分轻重缓急是极其错误的，先把次要的事处理完了，重要的事却被耽搁了，这样显然是不合理的，同时暴露出执行力的问题，势必会影响个人发展前途。

刘莹是一家公司的职员，主要负责日常行政事务，工作内容包括维护公司全体员工的宿舍、定期采购办公用品、为出差人员订购机票等。她是个十分勤奋的员工，每天都提前到办公室打扫卫生，总是把每个房间打扫得一尘不染，还经常给办公室里的花草浇水，做完这些杂活以后，她便不厌其烦地往业务部跑，为了能在第一时间取到报刊和信件，她要询问好几次，公司的快递都是由行政部负责发送的，她担心物品受损，细心地在包装箱上缠上胶带，把包装箱加固得结结实实。

刘莹自认为做事很周到，可是同事们却说她办事拖拉，故意磨洋工，这样她感到十分委屈。有一天，生产部的主管气愤地问刘莹："你是不是不把一线工人的事当回事，工人宿舍有两部空调坏了，跟你提过多少次了，你总是搪塞说以后找人维修，都拖了半个月了，还是不见有人修空调。现在天气那么闷热，宿舍没有空调，员工热得没办法入睡，上班总打瞌睡，如果出了事故，你能负责吗？"刘莹不服气地说："我太忙了，没有抽出时间找人维修空调。"

生产部主管气冲冲地离开了，行政部经理走上前来也训斥起刘莹来："你怎么回事？这几个月的机票费用怎么莫名增多了？员工出差的次数根本就没发生变动。"刘莹一时不知如何作答，行政部的经理便给订票处拨打了电话，经过询问才知道前任的行政人员总是提前十天订票，便享受了较高的折扣，而刘莹接手行政工作以后一般是提前两三天订票，这时飞机票多数不打折，只有一小部分能享受较低的折扣。

行政部经理弄清事情的原委以后，对刘莹说道："你做事也该讲究一些方法，不要总是去做不重要的工作，把重要的工作都耽误了。你把精力都花在扫地、浇花、包装快递上，正式工作却做得一塌糊涂。你不去包扎包装箱，快递公司照样能完好无损地把物品送到，可是你不及时找维修人员修员工宿舍的空调，就会影响员工工作，你不及时订票，就不能享受机票打折的优惠，公司支出就会增大。"

行政部经理的一席话，让刘莹充分认识到了自己工作上的失误，以前她工作时确实不分主次，以至搞得领导、同事都对自己不满，她决心以后一定要先把重要的工作做好，决不拖延，她会用自己的实际行动来改变大家对自己的看法的。

刘莹的工作方式是典型的眉毛胡子一把抓，这样做工作什么也做不好。作为拖延者，你是不是也像刘莹一样整天围绕着无关紧要的事情忙个不停呢？这种忙碌和敬业可是完全不相干的，可以毫不客气地说这就是一种变相的"磨洋工"。那么该如何纠正这种错误的工作方法呢？

1. 先从主要的工作任务着手，不给自己拖延的机会

把所有工作按照重要程度排序，而后依次完成，可在办公桌上

放一块小白板，上面写上一天的工作内容，以此达到最佳提醒效果。不要给自己任何拖延的机会，一定要按照小白板上的工作规划来执行工作。

2. 告诫自己重要的工作任务是逃不掉的，督促自己完成

拖延是要有时限的，无论你对自己的工作任务有着多么苦大仇深的复杂感觉，早晚都要执行，这就好比你皱着眉头不愿去吃苦口的良药，拖到最后还是要感受它的苦涩，既然无论是否愿意，最终都必须面对，那么拖延又有什么意义呢？所谓"长痛不如短痛"，还不如咬牙坚持把工作做完，如果你坚持认为这个过程过于痛苦，那么不妨学会苦中作乐，把该做的工作想象成自己喜欢的事情，快快乐乐地完成它。

3. 与要好的同事互相监督，优先执行主要的工作任务

拖延可以传染，不拖延也一样，有的拖延者通过参加"战拖小组"逐渐摆脱了拖拉的坏习惯。如果你没有额外的时间和精力参加类似的活动，可以考虑与同事互相监督，与其约好每天优先处理主要任务的工作法则，两人共同遵守，以此来纠正自己靠处理琐事磨洋工的拖延行为。

一次把工作执行到位，不留烂摊子

有的拖延者总是被要求返工，一项工作反反复复折腾，修修补补数次也过不了关，挨到了下班时间工作还是没有做完，只好拖延到第二天。是上司或老板鸡蛋里挑骨头，太过苛刻了吗，还是拖延者自身有问题呢？其实绝大多数情况下，是因为拖延者没有把工作做到位。

无论你是纵横职场的行家里手，还是初出茅庐的青涩菜鸟，把工作做完并且做到位是企业对于一名员工最基本的要求，偷工减料、

应付差事都是不足取的。海尔集团首席执行官张瑞敏曾经不无痛心地描述过国内员工做事不到位的情况，他说："如果训练一个日本人，让他每天擦六遍桌子，他一定会这样做；而一个中国人开始也会擦六遍，慢慢觉得五遍、四遍也可以，最后索性不擦了……""这种人做事的最大毛病是不认真，做事不到位，每天工作欠缺一点，天长日久便患上了拖延的顽症。"

有些人做事不到位是态度使然，有些却是为形势所迫，比如由于工作拖拉，眼见临近截止日期，那种令人窒息的紧迫感不亚于被推上刑场，在这种状态下工作，就会为了追求超出常人的速度而牺牲工作质量，想要把工作做到位几乎是不可能的。可是无论是因为什么原因导致工作不到位，这样做的后果都是浪费更多的时间和精力，这就好比本来可以一遍 Pass 的镜头偏偏 NG 无数次，对于执行者来说是一种折磨，对于指挥者来说同样如此。

拖延和做事不到位有着不可分割的关系，由惰性引发拖延的人，工作态度普遍消极，应付交差的事情时有发生，做事效果不是差那么一点点而是差一大截；而由恐惧、逃避、苛求完美等情结引发拖延的人，常常把自己逼到最后一刻才快马加鞭地赶工，在速度和品质不可兼得的情况下，舍品质而求速度就成了一种普遍的选择。从这个角度看，做事不到位是拖延症的并发症和后遗症，"战拖"失败的人很难把工作做到位。其实你可以换一种思路来看待这个问题，把拖延症和做事不到位看成命运相连的双生姐妹花，先力求把事情做到位，以此来削弱拖延症的有生力量。如果你把事情一次做到位了，就不需要反复回炉返工，那么就能按时完成工作，拖延的行为便不存在了。那么如何才能做到一次把工作做到位呢？

1. 第一次就把工作做对做好

"不到位"就意味着低效和浪费，反复返工的时间成本远远大于你拼命节省的那点时间，而且你消耗的精力几乎是无法估量的，当初不愿"弯一次腰"，以后就要被迫"弯许多次腰"，第一次就百分之百地把事情做好做对，不折不扣地执行工作任务，之后就会省去很多不必要的麻烦，工作效率也会得到极大提升。

2. 养成一次把事情做到位的良好工作习惯

很多拖延者刚刚完成了部分工作，就想切换工作内容，把剩余工作拖到最后期限来做。一项工作往往要拆解若干次才能完成，通常后半部分属于狗尾续貂，主要是因为时间不够用的缘故。拖延者必须纠正这种不良的工作习惯，始终如一地完成一项工作，力图一次就把事情做到位，不要幻想着第二次、第三次，或者更多次，所有问题一次性解决，不要把烂摊子留给未来。

3. 努力把工作做到零缺陷

不要为了尽快完成工作而火速完工，把工作做得漏洞百出免不了要重头再做一遍，这样不但不能使自己如期完成工作，还拖延了更多的时间，既浪费自己的时间，又浪费别人的时间。有的人觉得工作做到差不多的程度就可以了，其实"差不多"是个很模糊的字眼，"差之毫厘"被称作"差不多"，有时候"谬以千里"也会成为拖延者口中的"差不多"，当你抱着"差不多"的心态工作时，结果往往会差很多，所以你一定要尽力把工作做到零缺陷，虽然把工作处理得十全十美是不可能的，但是只要抱着"零缺陷"的态度，误差就会达到无限小，你达不到完美的境界，却可以无限接近完美。

4. 做任何工作都要有精益求精的精神

澳柯玛有一句经典广告词——没有最好，只有更好。是的，你必须以艺术家的热情投入工作，为世界奉献更好的作品，不要给自己设限，也不要轻易满足，而要学会精益求精地打磨自己的工作，把瑕疵降到最低水平，只有这样才能用最小的代价，获得最大的收益，杜绝修补工作带来的损失。

做"职场快鱼"，感受不一样的速度与激情

英特尔公司前 CEO 安迪·格鲁夫说："归根结底，速度是我们拥有的唯一武器。"思科 CEO 钱伯斯也认为当下已经进入了"高速"时代，他说："这个世界已经不是大鱼吃小鱼了，而是快鱼吃慢鱼。"大鱼吃小鱼是生物界弱肉强食的法则，但是，如果小鱼游得足够快，便可以逃脱大鱼的血盆大口。生活在这个"快鱼吃慢鱼"的残酷时代，作为拖延者的你扮演的又是哪种角色呢？或许你会垂头丧气地回答，自己就是一条随时都可能被吃掉的慢鱼，明知没有什么好下场，还是改不了拖延的恶习。

改不了拖延的毛病，是因为你没有真正意识到自己面临的危险，如果你真能时刻感受到身后有一条凶猛的快鱼，比如大白鲨在追逐自己，还能慢腾腾地在水里游弋吗？野马为什么可以跑出风驰电掣的速度？因为它如果跑不过猎杀者，就会成为对方口中的一顿美餐。植物为什么会以疯狂的速度生长？因为如果它不能快速成为参天的植株，就可能被其他植物遮蔽，从此再也享受不到阳光的照射。鱼类为什么要追求速度？因为如果它游得不够快，就会被比自己块头大的天敌吃掉。色彩斑斓的生物世界带给人们的启示是：要想生存，绝不能忽略速度的重要性。

在一望无际的荒漠上，生活着一种叫梭梭的植物，它只是一种普通的植物，广泛分布在亚洲沙漠地带，素有"沙漠梅花""沙漠卫士"等美誉。沙漠环境恶劣，只有最顽强的生物才能在那里安家落户，能成为沙漠一景的梭梭自然有许多过人之处。梭梭有三四米高，是一种外形平凡的灌木植物，它像打不垮的战士一样傲然挺立于沙漠之中，成为戈壁荒漠最好的防风固沙植被之一。

梭梭有很多美誉，其中最符合它身份的当属"沙漠植被之王"。

它能在沙漠称王并非源自运气，它的霸气在于无与伦比的速度。专家发现，梭梭的种子尤为独特，它是世界上发芽时间最短的种子，只要能吸收一点雨水，两三个小时之内它就能萌发出新芽。而发芽时间相对较短的稻谷、花生等农作物，发芽时间最少也需要三到四天，椰树的种子要等到两年多才能发芽。梭梭的种子以发芽快取胜，由于沙漠长期干旱，自然条件恶劣，慢腾腾地发芽对于生存是十分不利的，梭梭的种子在熬过干旱期后，只要得到一点雨水，就能在短短两三个小时之内迅速生根发芽，很快就能蔓延成片。

如果你拖延成性，不曾紧张地奔跑过，就可能事事落后，而在这个快者为王的时代，不进则退，慢进也是相对的倒退，今天你不愿意正常奔跑，明天就可能要以窒息的速度追赶别人。只有高效执行，才能感受到不一样的速度与激情，成为最终的胜利者，而以缓慢的速度拖拖拉拉地推进工作，则会被社会无情地淘汰。早起的鸟儿有虫吃，跑得快的豹子有肉吃，游得快的快鱼可以尽情畅游周围的海域，在激烈的职场竞争中，你只有让自己成为一条醒得早、干得快的"快鱼"才能立于不败之地，那么该如何让自己脚下生风、工作提速，成为不折不扣的"职场快鱼"呢？

1. 培养自己的进取心，提升个人执行力

进取心的强弱决定执行力的高下。得过且过、不思进取的人因为没有工作动力，做事自然拖拉磨蹭，长期扮演着职场慢鱼的角色。而拥有强烈进取心的人，皆有自强不息的品格，敢打敢拼，办事干净利落，效率较高，这类人不甘人后，常常会跑在别人前面，基本上与拖延绝缘。所以拖延者要培养自己的进取心，改变"当一天和尚撞一天钟"的消极状态，全面提升自身的执行力。

2. 注入工作激情，以饱满的精神状态迎接挑战

不要让年轻的自己过早沉浸在暮气沉沉的氛围中，而要让青春的热血奔涌起来，让旺盛的激情燃烧起来，就算你还没有如日

中天的事业，就算你还没有春风得意的资格，也要把自己的精神调整到最亢奋的状态，积极应对工作的挑战，绝不扮演敷衍塞责、消极应付的二流员工的角色。如果你不能决定生命的高度，仍可以决定行进的速度，全速前进、不拖泥带水的做事风格会把你带入崭新的境界。

3. 强化效率意识，提高办事效率

无论做什么工作，都不能抱有"等一会儿""以后再说吧"的态度，因为性情懒散、办事拖拉将会使你一事无成。做任何事情都要尽早尽快去做，要果断抓紧时机，加快节奏，时刻把握工作进度，提高办事效率。要知道拖拉是效率的大敌，因此办事绝不能推迟，立即着手去做，一分钟也不能延误，养成快速执行的好习惯。

4. 要奋起直追，争取赶超竞争者

"快"和"慢"是一种相对概念，在具体的工作实践中，包括反应速度、决策能力和行动力等，谁足够快谁就掌握了一定主动权。拖延者绝不能允许自己继续慢下去，而要昂起头来奋起直追，不但要跟上竞争者的步伐，还要超越他们，把自己历练成一条彻彻底底的职场"快鱼"，远离被淘汰的噩运。

成功就是每天进步百分之一

日本小学的海报上曾有这样一组神奇的数学公式：$1.01^{365} = 37.78343433289 > 1$；$1^{365} = 1$；$0.99^{365} = 0.02551796445229 < 1$。365次方代表一年 365 天，1 代表每一日付出的努力，1.01 代表每天多付出了 0.01，而 0.99 代表每天少做了 0.01。乍一看去，每天多付出一点和少付出一点，进步一点和退步一点，并没有多大的区别，可是日积月累，一年的成果就有了天壤之别。你愿意原地踏步，始终保持着 1 的水平，还是想每天少做一点，把工作一点点拖延下去，

抑或每天进步一点，在"战拖"的道路上获得更高的成就呢？

每天进步一点点，每一个今天都比昨天多做一点，效率比昨天提高一点，哪怕只是取得1%的进步，也能在不动声色中创造出一个意想不到的奇迹。不去奢望立竿见影的神话，而是踏踏实实地走好每一步路，诸多要素叠加起来就能迸发出无穷的能量。不要小看这些微小的改变，持续累积下来它们一样能促成质的飞跃。

能到达金字塔顶端的有两种动物，一种是雄鹰，一种是蜗牛，雄鹰倚赖飞翔的天赋，而蜗牛却是靠一点点爬高到达这个令人难以企及的高度的。雄鹰固然让人羡慕，可是蜗牛却更为可敬。不要因为自己天赋不高，做事拖拉缓慢而气馁，只要你每天都在进步，并能持之以恒，同样可以有一番作为。

第二次世界大战后，日本经济陷入低迷状态，美国管理学博士戴明应邀到日本讲授管理学课程，很多日本商人都纷纷慕名听他讲课，其中就包括松下电器的创始人松下幸之助、索尼公司的老板盛田昭夫以及本田汽车的老板本田中一郎。后来，这些听过戴明博士讲课的企业家大部分都成了在商界叱咤风云的泰斗人物。

其实戴明博士从未讲授过什么复杂的理念，他不断强调的核心理念只有一条，那就是要求企业的每个员工每天进步百分之一。戴明博士曾把这个理念带给了财政陷入亏损的福特公司，告诉企业家，要要求员工今天比昨天做得更好，每天都要取得进步，不管这种进步表面看来有多么微不足道，日后都有可能产生巨大的效能。福特公司把这一理念严格贯彻到了企业中，结果不到两年，公司就扭亏为盈，净利润高达60亿美元，这在商业史上堪称是个奇迹。

戴明博士倡导的理念不但在商业领域被证明是有效的，在其他领域也被证明是正确的。流行天王迈克尔·杰克逊正是秉承着每天进步一点点的理念而成为顶级舞者的，他凭借出神入化的舞技征服了全球亿万的观众，在被问到成功的秘诀时，他回答说：

"我从 3 岁开始练习跳舞，每当我跳完之后，我都会问我自己一个问题：我下次如何跳得比今天这一次还要更好。"即使天赋异禀，在 3 岁时也不可能跳出精湛的舞步，因为尚且年幼的他还没有掌握娴熟的跳舞技巧，可是因为他每天都尽量比前一天跳得更好，几十年过去了，舞技自然就达到了炉火纯青的境界，这是他努力奋斗的结果，而不是命运的赐予。

执行工作就像参加长跑比赛，讲究的是耐力，而不是爆发力，你不可能像跳高运动员一样奋起一跃就到达了目的地。这是一个"积跬步至千里"的过程，你每前进一步，都离成功的目标近了一点点。每天进步一点点，不是可望而不可即的神话，也不是可遇而不可求的幻梦，它是很容易做到的，只要你渴望进步的热情不削减，只要你奋斗的劲头仍然十足，只要你每天都能履行许给自己的承诺，不让自己在庸碌中虚度时光，不原谅哪怕一天的懒散，勇敢向前跨越，使每一个今天都强过昨天，不断刷新自己的纪录，每天多攻克一点难题，思路更加清晰一点，效率提高一点，你必将从混沌中找到突如其来的明朗，在危机中看到转机，从怯懦走向坚强，蜕变成一个全新的自我。那么这个过程又是如何实现的呢？

1. 每天比别人多努力一点点

你可以不出类拔萃，但是不可以不努力。作为拖延者，别人已经把你甩得很远了。如果你不能每天比别人多努力一点，那么就会永远成为落后者。想要一个箭步超越比自己强大的对手是不现实的，但是在别人走一步路的时候你走两步，在别人拜访 10 个顾客的时候你拜访 15 个顾客，在别人充电 1 小时的时候你充电 2 小时，你的收获就会比别人更多。天天如此，日日皆然，你和竞争对手的差距就会越来越小，终有一天你会成长为业界的精英。

2. 每天多做一点工作

拖延者在相同的时间内完成的工作量总是比别人少，部分是因为工作效率低下，部分是因为心态存在问题，有的人比较排斥多做工作，而总是想是不是可以多睡一点点，多休息一点点，多玩一会儿游戏，多刷一些网页，以这种状态工作怎么可能按时完成任务呢？如果你能要求自己每天多做一点工作，结果就会大不一样，多做一点工作并不是吃亏，而是促使你逐渐摆脱拖延阴影的一种有效手段，天长日久，你的工作量就会与别人旗鼓相当，当然就不会把做不完的工作拖到下一天了。

3. 在不计私利的情况下每天多做一点事情

假如你是一名货运管理员，发现发货清单上有一个与自己职责无关的错误，你会怎么做？装作没有看见，还是及时纠正？假如你是一名邮差，除了及时准确地送达信件以外，会不会为了满足客户的其他切实需要而额外多做一点事情？你做了一些超出职责范围外的事情，未必能马上得到额外的回报，可是它给你带来的实惠远远大于物质利益。如果你能每天多做一点额外的事情，日后很有可能从同行业中脱颖而出。每天多做一点点，并不会占用你太多时间，日后却有可能给你带来超值回报。

自我鞭策，驱动命运的陀螺

人从未理会过陀螺的抱怨，为了让它转动得更快、更稳，只是不停地抽打它、不断地鞭策它，因为如果没有了鞭策的力量，它就会颓然倒下。陀螺只有在转动的时候才能倔强地站立着，如果陀螺拒绝被鞭策，就不可能站得长久，更不可能傲立于世。作为一名拖延者，你一定饱尝陀螺的矛盾与痛苦，甚至会埋怨那些总是在鞭策你的人，被催促和威吓着转动确实是一件糟糕的事，那么你为什么要被动地接受别人的鞭策，而不主动地靠自我鞭策来驱动自己呢？

雄鹰是在跃下悬崖的那一刻才学会翱翔的，钻石也是在打磨中才璀璨生辉的，转得最久最快的陀螺是在不断地抽打中持续得到力量的。有时候你不逼迫自己，永远都不会知道自己有多大潜能。

在杰克·伦敦的经典名作《热爱生命》中，主人公是一个精疲力竭的淘金人，他被饥饿折磨得奄奄一息，在一动不动地躺着休息时，听到了一只狼的喘息声，那只狼显然好久没有进食了，一副病恹恹的样子，可是在见到淘金人的那一刻，仍准备拼命一搏。一个将要饿死的人和一只快要饿死的狼为了生存，即将上演残酷的人狼大战，胜利的一方将存活下来，失败的一方将命丧荒原。

饥饿的狼用粗糙的舌头舔舐着淘金人的两腮，淘金人感受到了致命的威胁，他用尽所有残存的力气伸出了手，指头弯得像鹰爪，可是却没有伤到狼。他的动作太慢了，准确性也大打折扣，因为他早已没有了迅速出击的力气，饿得头昏眼花之后更不可能一下命中目标。人狼对决中，双方开始比拼耐力，两者都有着非同一般的耐心。为了节省体力，淘金人半天一动不动，他想等狼耗尽了力气之后，自己侥幸逃脱，然后吃掉它。

疲倦淹没了他，他竭力不让自己昏迷，在意识混沌的时刻，他一直在等待那声向自己不断靠近的喘息声，然而他没有听到喘息声，却感到那条粗糙的舌头舔了自己的手一下，狼牙已经扣在他手上了，然后一点点地用力咬下去，可是他并没有马上做出反击，他在等，等到最佳时机他狠命地抓住了狼的牙床，那时他的手已经被咬破了。

虚弱的病狼无力地挣扎着，他掐着狼的手也越来越无力，于是他用另一只手来抓狼。他的力量太微弱了，没办法把狼掐死，于是他索性压在狼身上，用身体的重量来对付狼，他的脸凑近狼的咽喉，用嘴撕掉了很多狼毛。半个小时之后，一股新鲜的狼血缓慢地流进了他的喉咙，味道并不好，可是他却感觉好极了。他战胜了死神，战胜了这只想要拿自己果腹的狼，幸运地活了下来。

一个饥肠辘辘、虚弱无力的人却能在最后关头徒手打败一只狼，这是多么不可思议啊！这说明人的潜能一旦被唤醒，就会爆发出惊人的力量。安逸的生活使人的潜能长期处于沉睡状态中，而人只有在被驱策时潜能才能被完全激发出来，才能超越自身的局限，做出惊人的举动。

拖延是渐渐升温的温水，起初它会给你带来温泉般的享受，可是到最后它会变成滚烫的开水，给你带来无法承受的伤害。不懂得鞭策自己的人，很可能会溺死在看似没有危险的温水中，潜能在没有开发出来时便被白白浪费，而时刻驱策自己的人，则会远离温水的诱惑，百分之百地对自己的生命负责，在痛苦的历练中实现华丽转身，掌握自己命运的主动权，成功救赎自己，不再充当被别人不断催逼的拖延者角色，彻底删除所有的苦情戏码。那么在这个过程中，具体应该怎样做呢？

1. 告诫自己，不改变人生就毫无希望

生活并不是童话，坚持走错误的路是要付出代价的。你明知拖延是错误的，还是不肯为此做出改变，那么你的人生就不可能有任何起色。你是否多次因为拖延误事？你的能力是否已经遭到了质疑？你觉得继续与拖延为伍，还能迎来事业的春天吗？如果你不改变自己，人生就会不断走下坡路，你必须时刻谨记这一点。每当你产生拖延的念头时，都要告诫自己继续拖延的可悲后果，把拖延的苗头消灭在萌芽状态。

2. 联想最糟糕的时刻，鞭策自己改掉凡事拖延的毛病

恐怖的联想属于负激励的内容，它会引发你的不适感，但也能起到震慑作用，它会迫使你更加谨慎地对待拖延的问题。我们都知道，观看车祸视频有助于司机小心驾驶，同理联想最糟糕的情况，也能给你带来紧迫感，如果拖延症在你的脑海里已经有了恶魔的形象，你就会唯恐避之不及，想方设法地使其从自己的生命里淡出。

3. 用强烈的上进心激发自己的潜能

如果你想出人头地的欲望就像求生的欲望一样强烈，就不会允许自己有一丝一毫的松懈，更不屑于和拖延产生一点瓜葛，而会每天勤奋地和时间赛跑，争取在有限的生命里创造无限的价值，力求在厚积薄发的刹那中定格永恒的潜能。

4. 增强危机感，促使自己全力以赴投入工作

风平浪静的舒适生活会让你长期处于放松状态，其实危机无处不在，只是你还没有真正体察到而已，今天轻松欢笑，明天就会流下悔恨的眼泪，职场是残酷的，它只是一个优胜劣汰的战场，而不是你惬意栖息的乐园，所以你必须学会挑战自己，全力以赴工作，成为高效能的优胜者。

远离压力风暴中心，从拖延的沼泽里脱身

压力是现代人工作和生活的一部分，它不是人们庸人自扰幻想出来的虚幻产物，而是切切实实存在的。每个人在工作中都会或多或少地承受着一定的压力，工作任务越繁重，压力越大，拖延现象越容易发生。如果压力超出人的心理负荷，那么它和工作动力转换的通道就会被堵塞，任务越积压越多，你的心情越发烦躁，但是却总把正事搁置在一边，屈从于零食和游戏的诱惑，工作效率直线下降。

对于拖延一族来说，压力的大小和工作效率成反比，压力越大，执行力越弱，效率越低下。在重压之下，大脑会迅速启动"热系统"，释放多巴胺，使人对各种转移视线的娱乐活动充满渴望，人为了维持外界刺激给自己带来的廉价快感，就会长时间沉溺其中，把拖延的时间不断加长。这就好比你在享受美味的甜品，尝完一口还想继续再吃，即使有了饱腹感，还是对那种香甜的口感念念不忘，

而对正餐却懒得瞧上一眼。拖延族在与压力的抗衡中如果落败，就会把各种与工作无关的消遣当成触手可及的甜品，把正式工作当成一再拒绝的正餐。

赵柯供职于一家大型贸易公司，他接受了一个新项目，涉及的工作内容很多，经常刚着手一项工作，其他工作又纷至沓来，他每天都忙个不停，却总是忙不完。一项项工作像海浪一样一波一波向他涌来，他想就算自己有三头六臂也做不完，心理压力越来越大，每天都愁容满面，心情非常糟糕。

由于时间紧迫，赵柯几乎杜绝了所有社交活动，连同学聚会都抽不开身参加，同学打电话问最近在忙些什么，他只是习惯性地回答比较忙，工作多得做不完，并不想再做其他解释。由于压力过大，他开始失眠，精神越发不振，有时他会对着电脑屏幕和一厚沓文件发呆，不禁问自己：这么累究竟是为什么，一切都值得吗？每天起得比鸡早，干得比驴多，可是又换来了什么？还不是一通瞎忙吗？又不会有人给自己颁发什么劳模奖，老板不是仍旧吹毛求疵吗？其实也怨不得老板苛刻，他常常忙中出错，总之忙来忙去没有成效。

赵柯厌倦了这种生活，工作开始心不在焉，后来9点到办公室先不忙工作，而是立即登录聊天软件，然后再浏览弹出的几个新闻首页，之后刷微博、查邮件、看小说忙得不亦乐乎，一整个上午都没有干什么实事。他把大部分工作都分配给了几个工作经验不足的下属，美其名曰自己充分信任年轻人，其实就是不想工作，下属实在处理不了的事情他再抽空干。

赵柯本来打算经常检查下属的工作，以免出现重大纰漏，可是总是腾不出检查的时间，他不是在 QQ 上和朋友聊得兴起，就是沉迷于游戏中，直到下班他也没对下属的工作进行纠正和指导。后来项目被下属搞砸了，赵柯难辞其咎，老板气冲冲地说："你怎么能把这么重要的项目完全交给初出茅庐的新人？同事们都说这段时间你的工作状态很差，可是真没想到你会把办公室当成游戏厅，放着正事不做天天打游戏，你真是太让我失望了。"

两天后，赵柯灰头土脸地离开了公司，走出公司大厦时，心中不禁涌起阵阵酸楚，他在这家公司足足干了5年了，遥想当年他风华正茂，想要在这里干出一番事业，而今已接近而立之年，却被公司扫地出门，个中滋味又有谁能了解呢？

压力会带来各种负能量，它甚至可演化成负能量的风暴中心，无情地摧毁你的意志、自尊和骄傲，让你沦为一个彻头彻尾的逃兵，在拖延的沼泽里越陷越深，如果压力得不到释放和缓解，不但会阻碍你执行工作，还会对你的身心健康构成严重的威胁，那么作为"压力山大"的拖延一族平时该怎样缓解工作中的压力呢？

1. 加强与外界的交流与沟通，及时排解内心的负能量

千万不要把愤懑和痛苦闷在心里，压力过大、情绪不佳时要找到合适的倾诉对象表达自己的情绪，从朋友、同事和家人那里寻求慰藉，及时把负能量排解出去。快乐需要分享，痛苦也需要倾诉，一个人孤军奋战就有可能被压力压垮，不要因为自己顶不住压力而感到难以启齿或羞愧，每个人都有脆弱的一面，而向自己最亲近最信赖的人示弱并不是什么丢脸的事情。

2. 提升个人能力，增强掌控感

压力和苦闷多半来自自身对事物不够熟悉，对达成目标感到困惑，对未来充满不确定感，或是担心自己会把事情搞砸、被淘汰出局等。那么，缓解压力最有效的方法就是设法提升自身的实力，通过参加培训、向资深人士学习请教或者其他充电形式增强自身的职业竞争力，一旦你对所有的业务都驾轻就熟了，自信心就会倍增，压力自然就减小了。

3. 调整心态，积极应对压力

法国大文豪雨果说："思想可以使天堂变成地狱，也可以使

地狱变成天堂。"你不可能事事如意，但可以选择尽心尽力；你不可能左右天气的阴晴，但可以在心里保留一片晴空；你不可能预测未来，但可以把握好今天。在悲观者眼中，玫瑰浑身是刺，再美也不值得采摘，而乐观的人却能欣赏它的娇艳与浓香。同一种事物，心态不同，就会呈现出不同的镜像。对于压力同样如此，悲观的人视压力为猛虎，恐惧它、憎恨它，想要千方百计地逃脱它的追捕，而乐观的人却把压力当成一种挑战，热衷于积极地解决问题，反而会更快地成熟和成长起来。所谓"境由心生"，改变心境，你眼前的世界也会随之改变。

知易行难是伪命题

拖延症就像慢性病，紧急发作时你才能更深刻地感受它的存在，工作迫在眉睫，老板和客户都向自己下了最后通牒，面临被炒鱿鱼的风险，你尝尽了疯狂加班的苦头，暗暗发誓以后再也不会拖延了，可是下次遇到同样的情况，你还会故技重演，继续和拖延症纠缠不休。你也许会非常苦恼地说："怎么办？我用尽了所有的方法还是克服不了拖延症，道理我都明白，可是就是做不到，看来我是没有希望战胜拖延症了。"听起来真让人沮丧，似乎你已经无药可医了，就像患上了不死的绝症。只要这一顽疾一天不除，你就不可能成为高效率的执行者，始终摆脱不了低效的状态。

问题究竟出在哪里呢？知易行难是伪命题。众所周知，人的行动受到思想的控制，既然你的心境已经豁然开朗了，为什么躯体会不听使唤呢？关键在于你并没有达到"真知"的境界，表面上看你似乎什么都懂了，而实际上你并非真懂。比如你认为自己已经懂得了"不以物喜，不以己悲"的道理，却总是伤春悲秋，遇到一点挫折就颓唐不堪，这就不算真懂，你了解的不过是皮毛而已，并没有得到这句话的真髓。空泛的大道理并不能给心灵带来真正的震撼，只有智慧的启迪才能使迷失的灵魂得到救赎。对于至理箴言，浅尝辄止，你只是似懂非懂，而只有深入挖掘它的深意，你才能如醍醐灌顶，大彻大悟，将其转化成思想的武器，指导自己的"战拖"行动，从而做到知行合一。

苏格拉底自学成才，读遍了《荷马史诗》和其他著名诗人的作品，成为了一个学识渊博的学者。30多岁时他开始传道授业，成为当时最受尊敬的道德老师，许多年轻人都聚在他周围向他请教。苏格拉底分文不取，一心教化民众，作为一名智慧的学者他常说自己是个一无所知的人，并自喻为一只追寻真理足迹的猎犬。人们认为这是苏格拉底谦虚，其实他确实认为人类是无知的，他自己也不例外。

有一天，苏格拉底问一位路人："人人都想成为有道德的人，那么道德究竟是什么？"路人张口便答："忠厚老实，不欺骗别人，就是道德。"苏格拉底又问："那和敌人作战时，我军千方百计地欺骗敌军，就是不道德了？"路人解释说："欺骗敌人是道德的，欺骗自己人才不道德。"

苏格拉底对这个回答并不满意："当我军被敌兵围困，我军士气低落，将领欺骗士兵说，援军已经到了，让大家奋力突围和援军会合，结果我军士气高涨，果真突围成功了，这样做也是不道德吗？"路人说："那是在战场上迫于无奈才那样做的，在生活中那样做就是不道德的。"苏格拉底继续反驳道："好吧。如果你儿子病了，不想吃药，你为了让他快点好起来，欺骗他说这不是药，而是一种好吃的东西，这样做是不道德的吗？"路人只好承认："这种欺骗也是符合道德的。"

苏格拉底对双方的对话做了一次总结："不欺骗是道德的，欺骗也是道德的，也就是说是否道德不能用骗不骗人来说明，那该用什么来说明呢？"路人思考了一会儿，回答说："不知道什么是道德就不能做到道德，知道了道德才能成为一个有道德的人。"苏格拉底满意地笑着说："你是一个了不起的哲学家，给我上了有关道德的一课，解决了令我长期不解的问题，为此我衷心地感谢你。"

对于道德，每个人都有自己的理解，没有人会承认自己根本不清楚道德究竟为何物，可是如果像那位路人那样被苏格拉底不断反驳后，你还能坚持声称自己明白何为道德吗？很多时候，人们都错把"未知"当成了"知"，拖延者"战拖"失败的原因无非有两点：一是拖着不去"战拖"，这是因为对"战拖"缺乏清醒的认识，不了解"战拖"的意义；二是"战拖"不得法，主要是因为没有真正掌握"战拖"的理论和方法。针对以上两种情况，遵循以下三个环节就能突破未知的状态，做到知行合一：

1. 承认自己的无知

苏格拉底被视作全雅典城最有智慧的人，他却能承认自己的无知，这不是因为他虚怀若谷、谦逊谨慎，而是因为越智慧的人越了解自己学识的边界，只有自命不凡的人才会认为自己无所不知。在信息时代，你也许能接触到大量有关拖延症的信息，通过浮光掠影地浏览，你真得到真知了吗？你对它的了解究竟有多深呢？不要过早地把专家的称号送给自己，久病成医的情况是屈指可数的，关于拖延症，你不知道的知识一定比你知道的多得多，承认自己无知，你才能研究得更精、更深、更广。

2. 知不足而后学

不要满足于对"战拖"方法的一知半解，也不要让超载的信息塞满大脑，而要针对性、选择性地找到最适合自己的"战拖"方法，尤其要注意知识广度与深度的平衡。战拖的信息怎么阅读，是一字不落地读完所有的信息吗？当然不是，因为那样做你会被海量的信息淹没，头脑变得更加混沌，你要设法学到对自己最有价值的知识，找到最能解决自身问题的方法，而不要让自己像小白鼠一样试遍所有的方法。人和人是有差异的，有的方法在别人身上奏效，在你的身上却未必奏效，所以你必须结合自身的情况来选用"战拖"方法。

3. 通过认知行为治疗摆脱拖延症

当你已经利用所学的知识改变了错误的认知以后，接下来就要把这些知识运用到实践中，结合行动的力量促成知行合一。战胜拖延症需要有一个过程，它需要韧性，同时需要科学的指导，如果你已经学会了用最先进的知识来武装自己，那么就可以毫不犹豫地开赴战场了，从现在起甩掉低效的帽子，不断提高自己的工作效率，让自己变成一个执行力超强的优秀员工。

带着快乐上班，让拖延成为过去时

英国作家约瑟夫说："我不喜欢工作——没有人喜欢工作。但是我喜欢在所从事的工作中得到发现自己的机会。"俄国作家高尔基说："工作是一种乐趣时，生活是一种享受；工作是一种义务时，生活则是一种苦役。"你又是怎么看待自己的工作呢？你在工作时感到痛苦还是快乐呢？毫无疑问，那些总被你拖后的工作一定是让你倍感痛苦的，否则你就不会费尽心机地逃避它们了。

拖延者常感到很累，即使正事拖着不做，总忙一些没有意义的事情也觉得分外疲乏，其实这种累不是生理上的疲劳，而是心理上的厌倦。当你厌恶自己的工作时，工作进展得就会格外缓慢，该做的事情总是拖着不肯执行，严重时会以"龟速"前进。你从未心甘情愿地接受过工作任务，所以也不愿意考虑如何漂亮地把它执行下去。

如何改变这种敌视工作的状态呢？答案是从现在开始尝试快乐地工作。快乐工作是一个理想的境界，听起来十分人性化，实施起来却非常困难。再新鲜有趣的工作，在进行了大量重复劳动之后也会变得索然无味，比如指挥家反反复复地排练曲目，一首交响曲经常要表演上百次，那么无论这首曲子多么优美动听，在奏响的一刹那也不会比噪声好多少。工作是辛苦的，而且重复是不可避免的，如果你只是简单地把它当成谋生的工具，显然是在用快乐交换面包。如果不想让自己的快乐被工作夺走，就必须从工作中找到其他乐趣。

马克·鲍勃是一名平凡的厨师，他在美国佛罗里达州桑福德市一个镇上工作，他的厨艺不错，工作之余喜欢买些彩票，尽管从未中过大奖，但他仍热爱博彩。后来，幸运女神垂青了他，他高中数百万美元的大奖，一夜之间成了百万富翁。当时经济很不景气，一笔巨款突然从天而降，彻底改变了他的生活。

中奖的当天晚上，马克·鲍勃在自己工作的餐厅宴请了小镇的居民，他下厨做了很多好菜，脸上洋溢着幸福的笑容。大家都为马克·鲍勃高兴，只有餐厅的老板有些不开心，因为他又得重新招募一名厨师了，他想世上绝对不会有一位百万富翁会甘愿在餐厅里打工的。

第二天，餐厅老板早早地贴好了招聘广告，可是马克·鲍勃竟然出人意料地又到餐厅上班了，他说："我是这里的厨师，你休想把我丢进豪华会所。"餐厅老板大为惊讶，马克·鲍勃没有再说什么，悠然自得地开始了一天的工作，他还愉快地吹起了口哨，很快，餐厅的客人渐渐多了起来，人们见到马克·鲍勃都十分惊讶，他们料想不到那个高中数百万大奖的人仍愿意继续为自己服务。

马克·鲍勃的事迹传遍了整个小镇，有位记者专门到他工作的餐厅采访，他对那名记者说："我从小就喜欢做菜，立志成为一名厨师，尽管父母反对，我还是完成了自己的心愿，我感到很快乐、很满足，在这家餐厅里，我和老板、同事相处得像一家人一样，我感到自己就属于这里，所以为什么要因为得到了一笔意外之财而舍弃这里呢？我不会为了钱而放弃我热爱的工作的。"

记者没想到面前的这位幸运儿会如此执着于当一名厨子，于是又问："既然你现在这么富有，为什么不把这家餐厅买下来，自己当老板不是比打工更好吗？"马克·鲍勃看了一眼玻璃门外的餐厅老板约翰说："当老板是约翰最喜欢做的事情，不是我最喜欢的，我只喜欢烹饪，如果我把这家餐厅买下来，就会夺走约翰的快乐，而我自己也会失去快乐，我为什么要那么做呢？"记者听罢，敬佩地对他竖起了大拇指。

多数人工作都是为了赚取收入，而不是去做自己真正想做的事情，如果能够衣食无忧，恐怕后半生都不会再去工作。而马克·鲍勃在坐拥数百万财产后仍不改自己的本色，继续留在原来的餐厅里工作，原因是什么呢？因为他很享受工作的过程。快乐工作能改变人的精神状态，成就高绩效，快乐的工作态度，能让你在身心愉悦的情况下产出最大的效能，给自己交付满意的答卷，那么如何才能让苦闷的自己从工作中找寻到快乐呢？

1. 找到快乐的方向

你必须弄清自己最喜欢的工作是什么，最想从事的是哪方面的职业，从事何种工作自己能真正快乐起来，找到快乐的方向，你才能在工作中得到快乐。许多拖延者总是埋头苦干，早就淡忘了快乐的感觉，甚至把快乐当成了可遇而不可求的奢侈品。其实快乐很简单，做你最擅长最喜欢的事情，全力以赴做好它，你的成就感就会油然而生。

2. 挖掘快乐的源泉

如果你已经找到了自己喜欢的工作，也可能因为压力和挫折丧失快乐的体验，激情很有可能在日复一日的重复劳动中消磨殆尽，这时你最需要的是为自己不断输送快乐源泉的正能量，它可以是你的梦想、追求，也可以是你对工作的深刻认同，还可以是这份工作的意义，这股能量让你熬过职业倦怠期，充分享受工作带来的成就感和快乐。

3. 保持快乐的心境

快乐是一种态度，它发乎内心，并非是从外界获得的。每个人都有烦恼，但是乐天派从来不会被烦恼困扰，因为他们懂得如何消除负面的想法。用正面的情境去思考，是保持快乐心境的秘诀。每当你深陷痛苦，没有心情继续工作时，不妨问问以下几个问题：你是否用非黑即白的方式思考？你是否总把事情往最坏的方向去想？你是否忽略了自己的优点？你是否从未尝试过换个方式来处理事情？当你发现自己的想法太过偏激时，就会有意识地为自己的心境除尘，随后让快乐的阳光洒进来，享受那份久违的美妙感觉。